里山生活基本術

最基礎的里山生活技術：除草、生火、砌牆
最簡單的里山生活智慧：築水路、大自然廁所
這是讓你學會所有里山生活基本術的最佳入門書

大內正伸　圖&文

陳盈燕　譯

晨星出版

推薦序

2010 年起，聯合國在維繫全球生物多樣性永續利用的前提下，提出「里山倡議」，台灣也在林務局等政府單位領頭下，推動貢寮、八煙等地傳統水梯田復育，「里山」一詞漸漸在台灣受到重視。但是「里山」到底是什麼呢？

「里山/satoyama」一詞源自日本，簡單的說，「里/sato」是指人居住的地方，「山/yama」則是較少人為干擾的自然環境。這兩者看似背道而馳卻放在一起成為「里山」一詞，說明「里山」具有人與自然環境和諧共存的珍貴特性。日本是個多山的環境，因此人們在山間開闢梯田、興建民家、挖掘池塘，加上原有的溪流、草地、山丘，就形成了多樣性的鑲嵌地景，歷經數百年乃至千年來的生活經驗，漸漸演變成既可維繫生物多樣性，又能滿足人類生存所需的永續生活模式與環境管理智慧。聯合國重視的，正是這一點，因此「里山倡議」不再強調特定地景，而是強調在全球各地各自的環境裡，尋找並發揚「可維繫生物多樣性並滿足人類生存所需的永續生活模式與環境管理智慧」。

其實，人類本來就是自然界的一份子，人類的生活方式本來就應該相容於自然環境。在這本書裡，作者用手工具除草而非割草機，用木柴生火而非瓦斯，搭建小屋而非豪華農舍，用石材砌牆而非水泥，向鄰人請教生活的智慧，過著就地取材、融入自然環境的生活方式，具體呈現了里山的永續生活樣貌。

近年來，台灣興起一股回歸田園的熱潮，許多厭倦了擁擠忙碌都市生活的人，選擇到鄉村買一塊地，蓋一棟房子，夢想著從此過著悠然恢意的田園生活。然而，真正住進了鄉間才發現生活沒有都市便利，夏季要跟雜草奮戰，遇見昆蟲蛇鼠而害怕，有時還要跟鄰居共享農藥……

儘管如此，田園夢並未稍歇。最近這一股熱潮延燒至台灣的淺山地帶。這些地區原本擁有「里山」的永續生活特性，卻在種種因素下面臨存續問題，雨後春筍的山間農舍更讓問題雪上加霜。這讓三年前進駐苗栗淺山的我們十分擔憂，「如果住進淺山的人們，都能了解何謂里山的生活就好了」，我如此期盼著。因此，這本書的出版，正是時候。

對於喜愛戶外運動的朋友，這本書提供了許多可以在戶外生活中運用的點子；對於想要過永續生活的朋友，這本書提供了許多永續生活的示範；對於買過「里山生活實踐術」的朋友，這本書是「前傳」呢！對於擁抱田園夢的朋友，則可以先從書中了解里山的生活樣貌。

沒錯，書裡面的內容不見得全然適用於台灣，但是我們可以藉此認識里山生活的精神，尋找出屬於台灣的里山生活的永續智慧。

江進富

觀樹教育基金會環境教育專案主任
目前在「裡山塾」參與環境教育與社區保育工作

前言

不分男女老少，現在「回歸山村」正當紅。

林業、自然農業、自然飲食、自給自足、專家的手工復興、老民房再生、在日常生活中使用火……有各式各樣的關鍵字，這些都顯示出有愈來愈多人對單純消費的都會生活產生了疑問，而想要打造出在自然中生活的概念。不僅是自身轉而追求這樣的生活，還有一群人懷抱著強烈願望，希望能夠使周遭環境及紮根於自然的文化重生。

但真正展開里山生活後，卻被那些簡易的素材跟方便的工具搞得團團轉。於是發現原來我們並不具備應對自然（素材）的根本技術，以及缺乏對於山林環境的洞察與土木方面的了解。

舉例來說，像是採伐山林的方法。日本曾大規模造林，當時的杉木與檜木人工林至今仍散布在日本各地。當然不能未經所有者允許就任意採伐，但根據不同情況，能夠進行管理維護（疏伐＝砍除）或是轉讓接手。而砍伐下來的疏伐材該怎麼加工呢？是不是沒有製材機具就無法將它們製成木板呢？或是有沒有辦法把樹幹就這麼拿來應用呢？

在多雨且植物繁茂的日本山林中，若無人居住而放置不管的話，木造住宅很快就會腐壞、石牆倒塌、田地被雜草入侵，灌木也會開始成長，經過幾年後，就變成無法居住的狀態。如何整理這類房屋的四周環境、水源的確保與污水處理方法、還有石牆的再生等，都得靠我們自己解決。

而像是燃燒木材，如果只是放進取暖用的柴薪火爐裡燒掉，未免太可惜。前人會把細樹枝全都留下來，不僅用在取暖、煮飯上，還會應用在其他地方。

雖然具備優良工具、豐富資訊，但我們卻缺乏里山生活的相關智慧與技術，而這些技術也逐漸從山村裡消失。原因在於日本能夠實踐這些技術的山村世代，已經是七八十歲的老年人了。

因此，我想要出版這本書。希望能藉此將我們真正的自然生活，以及應該有人繼承的技術傳承下去。

本書內容與一般戶外生活用書不同，其包含了
〇山林的採伐方式（不光是砍伐，而是使山林環境回復豐饒）
〇如何不使用動力來製材（劈、鑿等技法）
〇石牆的堆砌方法
〇水的使用方法（不光是水源，還包括排水、污水處理等，以及自然淨化的結構）
〇建造小屋的技術（使用土與石）
〇地爐的復活、再生

這些也可稱為「木、土、水、火的技術」，或是「繩文的技術」。

由於日本的自然環境多樣化，無法實用於所有地區，但希望能夠由此在各地紮下發展茁壯的根基。此外，書中使用許多插圖與照片，我是以每一章都能夠獨立成一本書的程度所歸結而成。請參考本書，並從當地前輩們身上學習各種技巧、訣竅，希望有助於打造出屬於您自己的生活方式。

　　在日本也有很多人提倡回歸自然，並且實踐、讚頌自然生活。我也深受他們影響，喜歡動物的程度甚至到睡在狗屋裡也願意，那個如此喜歡動物、蝴蝶（捕蟲）跟魚（釣魚）的少年，一轉眼就熱衷溪流飛釣，更會背著背包登山尋求慰藉。接著遇到人工林再生問題，於是我來到這裡。

　　這本書是以相同流程來介紹，並進一步將重點放在如何將山與生活聯結在一起，也就是能夠與都市生活相互對照的內容。

　　海洋、河川與平原一寸寸被開發、污染，山脈是最後的堡壘。雖然這座堡壘也慢慢受到同樣的浪潮沖擊，但山脈也許是最後的自由空間，希望能夠由此散發出足以改變都市的能量。

　　60 年代在日本小都市度過幼少期的我，轉為進到山村裡生活，在那裡與純正的山村前輩們聊天、一起流汗的過程當中，促成了本書的誕生。

　　希望這本書被有心人拿起來閱讀。

目次

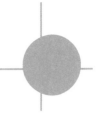

●插圖 / 大內正伸　　●照片·DTP 排版 / 大內正伸＋川本百合子

序章　何謂山居的技術？

開始居住在山中

我租了群馬縣山裡一棟 100 年前蓋的老民房，一邊進行屋宅與土地的再生計畫，一邊推廣與自然共處的生活方式及創作活動。

我在都市長大，所以從小就很憧憬在自然中自給自足的生活。長久以來，戶外活動一直都是我的興趣，也漸漸成為以自然系插畫家為職業，而自然而然地開始涉足林業，以及著作與森林相關的技術書籍。

我的搭擋川本則是以擔任森林志願者為契機，開始對山林產生興趣，她在比我還要都會化的商店街跟水泥森林中長大。雖然她里山生活的行為模式既無知又危險，卻能帶給我不曾體驗過的新鮮觀點，對於撰寫本書也非常有幫助。我們的里山生活也就這麼邁入了第五年。

這裡是海拔 600m，遍布著茁壯杉木、檜木的重山裡，如果一整個夏天都放置不理，就會長滿了葛、萱草、藤等藤蔓植物，是典型的東日本山村。而我們住的房子跟土地，則是空了兩年左右。包括傾斜的田地跟山林，房東允許我們自由改裝，在把屋子跟周圍土地都整理過後，我們開始了里山生活。

幸運的是，隔壁住著至先生這位里山生活的前輩，如果有不懂的地方，就可以去請教他。

在都市裡動不了的腦袋總動員

這塊有田地又有山林的好土地之所以無人居住是有其原因的。距離國道高速公路有 2 公里遠，我們的村子沒有公車經過，學校廢棄，也無商店。而我們承租的房子不在路旁，從車道到家門必須徒步。也就是說，車子無法停在房子旁，行李全都得用背的。

另一方面，當然也有很棒的地方。水引自山泉、柴薪也能自由採伐取用、傾斜的田地能夠接受充足日照（當然也會被野豬侵入）。只要好好管理經營就能長久使用，成為生命的食糧。先人們數百年來就是靠著這些資源生活的。

所謂里山生活，從重整土地到房屋修繕，萬事皆須靠自己。如果請人來幫忙，除了要花費大筆金錢外，也無法感受里山生活的樂趣。再生、創造、發現是件最有趣的事情，能夠讓長久生活在都市的我們，動動不靈活的腦袋，挑戰嶄新生活。

跟前輩居民學習

我們認識隔壁的至先生時，他已經 76 歲了。在這個村子裡沒有下一代來繼承他的屋子。如果現在這些年長者過世，廢棄的房子跟棄耕地就會愈來愈多，而至先生現在還在耕種、生產蒟蒻。

我至今還記得第一次見到至先生的小屋（穀倉）時那份感動。堆放整整齊齊的柴薪、常年使用的鋤頭等工具掛在牆上。沒有多餘的東西，用得到的物品都擺在適當位置，小屋就猶如一座雕像般，具有懾人的魄力。

至先生雖然沉默寡言，但不論我們問什麼問題，他都會解答，有時候我們做了一些愚蠢的事情，他也會認真地告誡我們。因為是鄰居，所以至先生偶爾也會過來幫忙。至先生來幫忙時，無論是肢體運作，或是工具使用方式，都帶給我們很深的影響。

不用動力就能建築的前人技術

早在還無車道時，至先生就已經住在這個

村子裡了。現在我們兩家共同使用的水塔是混凝土製的，上頭刻註的完工日期是昭和 37 年（西元 1962 年）。那是至先生他們從下面的國道，背著水泥爬上來蓋的。我們承租的土地上，有部分石牆是至先生的哥哥所堆砌起來。

這道石牆最早完成的部分（約數百年前）約有 3m 高。最大塊的石頭甚至長達 70cm，在沒有起重機的時代裡，這些石塊到底從何而來，又是如何堆砌？我們住在這裡，就表示我們必須保護這道石牆，如果它倒塌了，必須重新修建。如果做不到這點，就沒資格住在這裡，所以打從住進這裡開始，每當看到這道石牆，就會感受到沉重的壓力。

儘管如此，這幾年來我還是跟至先生一起修補這道石牆，也從堆砌的經驗中了解石牆的構造跟堆砌方式。仔細一想，日本不僅在梯田跟坡地，甚至在平地、河堤邊坡或港灣等，從古時候就修築了許多堅固的石牆。如果沒有留下文本，那才不可思議。將這些知識保留下來並傳遞給之後想要進行里山生活的人，正是我們的使命。

研磨後能長久使用的鍛冶工具

我們的土地上種植許多高大的黑櫟作為防風林，每年都必須修枝。修剪下的木材都能拿來作為柴薪，有次至先生跟我們索取一段木材，說是要用來作成柴刀的握把。原來如此，工具的握把大多取材自青剛櫟木材，用親自採伐下來的木材製作，真是

件非常新鮮的事情。

正好有把鐮刀的握把斷了，我就模仿至先生的做法自行換換看。我沒有去請教至先生，自己先試著做做看。那把鐮刀是同村朋友給的，雖然非常舊，但研磨後還是可以使用。上游的村落還有一些手工鍛冶店，現在也還在製造非常棒的刀具。他們生產的工具跟現在市面上那些不耐用的工具不同，都是經研磨後就能長久使用的工具。

我從高中開始就很喜歡露營，也喜歡做料理，且從開始當森林志願者時，長久以來都在山林裡幫忙，所以移居到這裡時帶了很多刀具過來，但那些都只是像興趣一樣的工具。實際住進山裡，柴刀、鋸子、鐮刀就成了日常生活用的工具。我在這裡，學到如何善用並長久使用這些工具的重要性。

我們住的房子以前是養蠶農家。保留了粗壯的骨架跟土牆，杉樹皮搭的屋頂則是換成鐵皮浪板。里山生活第一年的某個冬日，經歷了當地罕見 65cm 高的積雪洗禮。

基本上使用手工具

跟電動工具或引擎機器比起來，用手工具來進行作業，不僅較安全，還能從事比較細緻的作業。既不用花燃料費，也不會污染環境及發出噪音，也沒有電線那些麻煩的東西。

雖然用手工具比較耗時，但有時間可一邊觀察一邊思考該怎麼做，而且出了滿身汗也對身體健康比較有幫助。被時間追著跑的「工作」跟能靈活運用的「生活」是不同的。花時間就能獲得許多發現跟愉悅。當然很多時候也必須用到鍊鋸機跟輕型四輪驅動車。至先生也有用履帶型搬運車跟耕耘機，但那些都是不得不用的工具，感覺起來就像是手工具的延伸工具。

一開始在最低限度下使用電動工具，就必定要學習像是刨刀、鑿刀等基本工具的使用方法。在自然資源豐盈的里山生活當中，最好一開始不要使用動力，用手工具比較好。因為使用手工具能好好面對素材，而使用安靜的手工具，更能感受到周遭的蟲鳴鳥叫。

選擇能夠燃燒重返土地的素材

山裡有非常多疏伐材（整理山林時所產出的伐採木）。不僅是疏伐材，小枯木的柴薪也都無人想要，因此可無限取用。把疏伐材製成木板，用來修補房子、拿來製成木椿或當成燃料。超過100年的老民房，通常是用木頭、土竹子、石塊所建成。雖然在整修時會產出很多廢棄物，但那些全都可以燒掉。不是單純地燒掉，而是能夠作為燃料。在日常生活中使用火，必須銘記這種理所當然且單純的循環。

這時，爐竈、地爐、柴薪火爐、柴薪熱水器，還有火缽、柴薪跟炭，就是主要的戰力。廢材就是種燃料，燃燒後只剩下灰。把這些灰撒到田地裡，就成了肥料，能夠種出美味的蔬菜。不論是燃燒還是之後得到那些灰燼，都是令人感到愉快的事情。

土跟石也是被徹底遺忘的素材，但是既然住在山裡，就希望能夠活用這些垂手可得的免費素材。而且最重要的是，這些材料能夠使建築物跟人為景致自然調和，重回大自然當中。

火、地爐這項絕佳工具

火不僅是種燃料，光看著搖曳的火光就是一件很棒的事。這是現代生活中見不到且貴重的時光。我們兩個都很喜歡燃燒東西與看著那樣的火光。

搬到這裡後，在廚房還未整修好前，每天都在戶外以爐竈煮飯（現在也是會於天氣好時在戶外使用爐竈）。我原本以為即使是像我這樣的人，也會懶得生火，或是累了而想要裝一台瓦斯爐，但卻完全不會膩。一早醒來，就想著「啊，真想趕緊把火生起來」。這點直到5年後的現在依然沒有改變。

「讓地爐重生吧！」提出這個意見的是川本。看著我們生活的至先生曾說過「地爐是好玩意兒呢」。所以我們就把蓋在地爐上的木板掀開來，並試著修補、再生地爐。雖然現代人幾乎都因為不喜歡燃煙而改用炭來生火，但我們那時卻一舉燃燒柴薪生起火來。令人驚訝的是，所使用的柴薪比柴薪火爐還要少，而且還發現只要上手了，就能用來烹煮各式各樣的料理。雖然偶爾會因為天氣或柴薪狀況而產生讓人厭煩的燃煙，但地爐的價值遠勝於那些事情。為什麼日本人會遺忘如此美好的東西呢。

雖然工作室裡也有裝一台柴薪火爐，但我們即使到了冬天也大多是靠著地爐取暖。也多虧了它，我們不再因準備柴火而操煩。從我們土地上跟山林裡取得的柴薪，就夠安穩地過日子了。

不要小看疏伐材

跟森林長久相處下來的我們，面對了一個

重大問題，就是如何有效利用自行採伐下來的杉木跟檜木。

觀察至先生的生活，發現過去不會把杉木跟檜木直接拿來當成柴薪使用。有次至先生把自己採伐的細檜木用楔子劈開，製成木樁。即使是很長的檜木，也能夠劈得開，這是一項重大發現。話說回來，從登呂遺跡中挖掘出用楔子劈開的杉木、世界上最古老的木造建築法隆寺，也是用劈開的木材所建成（當時還沒有直鋸木柴用的鋸子）。

於是我也火速買了楔子，試著用它來劈開

木材。只要抓到訣竅，就可以順利劈開木材。也學會用斧頭將那些木塊修整成木板，木塊的端材則能夠當作地爐用的燃料。在那之前，我會把所有的疏伐材都用鍊鋸機圓鋸成小段，再用斧頭劈開，全都拿來當成柴薪，但現在會先觀察樹幹，思考該如何運用它，並想著如何雕鑿它。用它們來修補房子或用在工作上，剩下的部分才拿來當成燃料。

曾發生過這樣一件事。工作室的玄關踏板受潮而變得軟趴趴，所以想要換塊新的木板。我看了看那些劈開的杉木材裡，有塊板狀木材。不如用柴刀把那塊木板修整一下鋪在這裡吧！我的腦海裡閃過此念頭。雖然那是塊疏伐材，但是在杉木的採伐旬期（※）秋天採伐，葉子也都枯萎了，為經過天然乾燥的木材，所以它既芳香紋理又漂亮，用抹布愈擦拭，愈能顯現出它的沉色跟光澤。

你是否以為疏伐材只能拿來製成花盆或長椅呢？要製成木板只能用鍊鋸機呢？事實上並非如此。只要利用纖細的組軸，甚至能加工成材。雖然只是細的疏伐材，但杉木跟檜木都是世界知名的優質木材。

※ 就跟蔬菜和魚類有旬期一樣，木材也有理想的採伐時機，那就稱為「採伐旬期」。

就算不用種，隔段時間也能萌發新芽

將樹木採伐使用，新的植物就能在空出來的空間裡萌芽成長。這是我從人工林疏伐中了解到的事情。而學到這件事之後，光用一把手斧就能控制屋子周圍的土地了。

雖然現在是人口稀少地區跟棄耕地，但在數百年前曾經有人居住耕種的土地上，便會留有球根或種子，只要賦予它們契機，便能夠重新成長。也有一些種子會隨風飄來，有些則是被鳥兒或動物們帶過來。這是溫暖潮濕的日本山村才有的自然再生法則。

我們的屋子周圍，芥末、日本櫻草、鴨兒芹、蜂斗菜、山百合等實用與觀賞植物愈長愈多。現在就算不用動力式除草機也能奏效。用手斧割草，還能一邊觀察，邊選擇該割除的部分。

我們住的地方並不適合英式庭園。如果要布置成那個樣子，夏天光是除草就夠我們忙了。這裡比較適合使用最小限度的空間來種植，打造出通風良好的空間，適度割草保持恰當的密度。

在過去，由於飼養了農耕用的牛馬，所以必須除草來作為飼料。據說以前這裡除了馬之外，還飼養能夠生產羊毛的綿羊，以及能夠採集羊乳的山羊，因此必須維持草皮的成長，而割草則是孩子們的工作。此外，為了維持用來堆造屋頂的茅草所需的茅場與放牧地，有很多地方會定期放火燃燒土地。

現在則是演變成為維持土地與製作堆肥而割草的時代。在維持生活的同時，必須要用新方法來使土地再生。不需種植。首先要觀察土地的四季變化，選擇性割除植物，能夠使新的有用植物層層生長。

打造光線空間，動物與昆蟲也開心

割草與去除樹枝後，打造出空間，蝴蝶跟鳥類也隨之而來。牠們追求能夠飛翔的空間。我也體會到透過人的手所整理出來的土地，能夠使動物跟昆蟲感到開心（關於這點，也使我不想用動力式除草機，以免意外傷到生物們），看到牠們快樂飛翔的姿態。因為有繁茂的植物成長，當然就引來多種生物的棲息。

我們的工作室周遭是昆蟲跟小動物們的寶庫。柴薪堆積的地方跟石牆，以及土地是有著緻密表面的多孔質地，使得相當多昆蟲在此棲息，比如蜂類的種類就驚人地豐富且多樣。

當然，在昆蟲很多的環境中生活，也有著令人不愉快的地方，但地爐或爐竈的煙就能讓昆蟲大為減少。而且有開著大面落地窗與日式走廊的日本住宅，只要把窗戶開著，昆蟲就會自己飛

明明沒有播種，日本櫻草便自己發芽成長。只要稍加照顧，就使自然重回豐裕的樣貌。

走了，因為沒有牆壁，用掃帚就能輕鬆把牠們趕出去。

另一方面，像是蜜蜂會捕捉農田的害蟲——毛毛蟲。具備對生物的知識，以及樂於與生物接觸，是里山生活中非常重要的事情。今後的時代，即使是在都市，也必須重回與生物共存的生活。亞洲黑熊是生物，發酵食品中的菌類也是生物。當我們發現在地爐隔壁的土間裡，能夠製作出美味的醃漬物時，感到無比欣喜。

無論是割草、採伐、地爐或是動物，都與人們的生活息息相關。

里山生活也需要技術

因為我曾長久居住在東京市區裡，過去的生活經驗跟現在的生活情況有著非常大的落差。但我也曾經因為想要親近山林而住到靠近山區的西多摩地區，對於里山生活做好了充分的心理準備。另一件幸運的事情是，我在學生時代是土木相關科系，年輕時有著各式各樣勞動身體的打工經驗。雖然當時我沒有想到這兩項經驗會帶來什麼影響，但特別是那些實際體驗的經驗，對於現在的生活大有助益。

里山生活是需要技術的。生於昭和 30 年代（西元 1955 年）之後，比我們晚出生的世代們，有許多人在孩童時代沒有自然生活跟勞動身體的體驗。但這些人當中，應該有很多人想要試著進行里山生活。而在所謂的團塊世代*間，回歸山村也成為話題，因此有許多指南書出版，但基本的部分是否沒有傳達出來呢？在掉進使用柴薪火爐跟園藝生活的美夢前，有些事情是必須要做的。也就是守護最重要的東西，同時了解里山生活所必須的知識跟技術。

*譯註：團塊世代指的是日本戰後出生的第一代。

最重要的是對大自然的禮節

向前人學習固然是很重要的事情，但更重要的是「自行思考」。雖然靠別人教也沒關係，但必須保留自己思考的餘地。在自行思考的經驗中所得的發現是無可取代的。無論是多小的發現，都能成為下個階段的墊腳石，帶來更寬廣的延伸。

雖然我前面寫到「對於里山生活做好了充分的心理準備」，但真正開始里山生活時，還是會感到不安。我也是從各種經驗當中逐漸累積自信。而這裡的自然、水、食物，都引導我們邁向更加堅強的方向。

在重整土地跟房屋同時，真正受到磨練跟成長的其實是我們自己。如果能夠抱持著這種想法，就會更加喜愛周遭的生物，並滿懷感激。

日本的山林正等著大家伸出雙手。那裡有著無盡的資源與光輝，只要不忘最重要的「對大自然的禮節」，就能從這份經驗中獲得驚人的恩惠。

里山生活第五年，重建了斜坡下這道年久失修的崩壞石牆。工程期間零零總總算起來大約一個月，我在那段期間瘦了 5kg。

展開里山生活，房屋、土地的注意要點

現在住的，或是即將要住進去的，到底是什麼樣的地方呢？在萬事都需親力親為的里山生活中，一定得理解這件事情。不光是確保跟修繕吃飯睡覺的地方（家），所在的土地跟周遭環境也必須親自確認。

山區的濕氣比城市重，因此必須經常降低屋內與土地的濕度，以使屋子持久與防止土地崩塌。樹木的枝葉是否自由伸展，有沒有被雜草或藤蔓纏繞住？必須整理它們，並保持光線射入與良好的通風。有沒有做好上游水道的檢查以及排水是否阻塞？在多雨的日本，事先了解土地的水道分布是非常重要的事情。

雖然不去處理崩塌的石牆，也會有草木覆蓋而不至於有太大危險，但若是修復它，就能換到一片平坦的土地。有了這塊平地，就能搭建小屋。在野外作業很多的里山生活中，有一棟寬廣作業空間與擺放工具、材料的小屋是非常必要的。而採自周圍山林中的疏伐材，就是小屋的最佳建材。

倒木作業或割草，雖然就這麼放置著即會回歸自然，但需要花費很長的時間，非常麻煩。不如將它們整理成柴薪、製成堆肥。那些柴薪能夠用來煮食每天的料理，還能用來取暖。石塊跟土則能用來製造爐竈。堆肥就不需多加解釋，燃灰也能夠當成肥料撒進田裡。

里山生活是木、土、火、水的循環。讓它們維持順暢的循環既是里山生活的一項訣竅，同時也是一件樂事。

下一章開始會具體介紹該技術。

日照與風向？

山泉源自何處又流向哪裡？

有幾條路能通到鎮上

排水道流向哪裡？

有火真好

把崩塌的石牆修好就有更寬廣的土地可使用

水源地的瀑布，是水源豐沛的地方，有許多小水脈。

我 們 居 住 的 地 方

群馬縣西上州的綿延山脈中，標高 600m。箭頭所指的屋頂就是我們居住的房子。還包含周圍的田地跟山林，水源是取自湧泉。上游沒有住戶。

附近有鹽分含量高的礦泉，因此能聽到綠鳩的鳴叫聲。

這裡

40 年生的杉木林。使用疏伐的木材。

初夏，大紫蛺蝶飛進屋子裡。

第一年夏天的田地馬上就遭野豬侵襲。隔年用鐵皮浪板在周圍立了一圈柵欄。

30 年生的檜木林。過去曾是田地，所以林內建有石牆。

紫八汐杜鵑（*Rhododendron albrechtii*）盛開的早春庭院。

在林道中偶遇的梅花鹿。鳴叫聲迴響在冬天的山中。

第1章
伐木、除草

尋回光與風的最初工作

多雨且植物繁茂的里山生活，濕氣是令人煩惱的問題。針對長久閒置且密閉的空間，進行疏伐、修剪草木，將它打造成乾燥明亮的居住空間吧！去除樹木周圍的雜草，能夠讓留存下來的草木重新生長。打造出光線空間，新的植物也會跟著萌芽。此外，砍伐下來的枝葉不要急著丟，能夠使用的木材就好好地運用，其他的部分則能劈成柴薪。這一章將介紹斧頭、柴刀、鋸子等工具，以及使用鏈鋸機採伐的方法，還有搬運、木材與柴薪堆積方法、用枝葉堆肥的技巧等。

MASA
NOBU

1 伐木、除草的工具

不使用動力式除草機也辦得到

除草時需要使用大小鐮刀，採伐時需使用鋸子、柴刀。劈製柴薪需要用到斧頭跟木楔，如果沒有鏈鋸機，就無法採伐跟圓切樹幹（將樹幹鋸成所需大小）。鏈鋸機是里山生活必須的動力式機器。

然而除草時，不要一開始就使用動力式機器，用鐮刀會較為妥當。除草機會不斷發出噪音，還會不小心傷害地表上的生物們，最後得到的是乍看之下很整齊，但實際卻很荒涼的環境。

當地鍛冶店打製的鐮刀。刀柄為杉木。稍微有點厚度的雙刃，略粗的灌木也能砍斷。

大鐮刀

土佐刀具的單刃鐮刀。刀刃稍微翻翹，看起來很大把卻比想像中來得輕。適用於割除林地矮小的草木。

有厚度的雙刃大鐮刀，能劈砍竹子或茅草等，比看起來還要重。

最初的除草作業還是親自手動，並在過程中觀察土地上植物的四季生長情況。

手工打製的刀具最佳

比起那些在家居生活館量產的刀具，還是鍛冶店手工打製的比較好，不僅好用易研磨，還能使用很久（最近有些家居生活館也有販售手工打製刀具）。詢問當地居民，找找看哪裡有手工鍛冶店。很多山村裡的五金行，也有在賣山居使用的工具。雖然也能在網路上購買，但刀具還是親手拿拿看才知道感覺。

也可以到古道具、古董店，或是同性質店鋪聚集的市場找找。過去的刀具（特別是戰前）採用上好的鐵，研磨後依然好用，而且有些還相

鐮刀

由上而下，最上面是日本厚朴刀柄的輕巧鐮刀。刀刃輕薄柔軟，適用於割草。中間的鐮刀是我自己用青剛櫟木材更換刀柄，刀刃磨過頭而尖端有點折斷了。刀刃比較厚，硬一點的茅草也能割斷。最下方是扭刃鐮刀，用來刮除地面上的草。

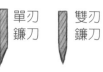

A-A′剖面圖

單刃鐮刀　雙刃鐮刀

尖突

單刃的刀具適合同一方向連續動作。雙刃則能夠從左右方向割除。上圖為柴刀與鐮刀的合體短鐮刀，以及刀刃上有尖突的柴刀（兩者皆為至先生的刀具）。即使碰撞到地面刀刃也不會折斷。用來劈砍樹藤非常方便，是適用於里山生活的工具。

當便宜。我的劈柴鋸、平口鍬、鳶嘴鍬、鐮刀等，有很多都是這種古物，而且親自幫它們換上握把，就能用得更加得心應手。

超棒的改良刃鋸

有了鏈鋸機後，就用不到大鋸子，有修枝鋸就夠了。小把的改良刃鋸又輕又堅固，還能用在木工上，是里山生活中不可或缺的工具（雖然是一次性可換刀片式的鋸子，但用鑽石銼刀就能反覆研磨使用）。

※日常生活中經常用到的是做了白色圓圈標記的那一把。

鋸子

最上方是山中作業用的伐倒鋸，刀柄彎曲便於施力。中間那把是改良刃的修枝鋸，在各方面都適用。最下面是刀刃小修枝鋸，也適用於木工。

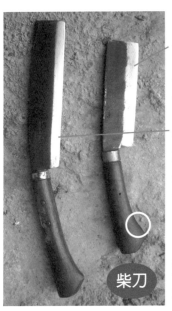

雙刃柴刀：能夠從左右兩側劈砍，適用於處理細的樹枝，但不容易研磨。

單刃柴刀：雖然容易研磨，但從左往右下刀時砍不深。稍有重量所以適用於砍除較粗的樹枝。

※ 柴刀的刀背是熟鐵製的，若用鐵鎚敲打，會凹陷或握把鬆脫。最好不要那麼做。

柴刀

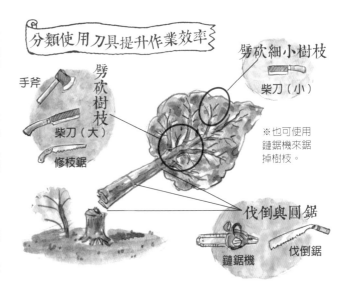

分類使用刀具提升作業效率

劈砍細小樹枝
柴刀（小）

※也可使用鏈鋸機來鋸掉樹枝。

手斧
劈砍樹枝
柴刀（大）
修枝鋸

伐倒與圓鋸
鏈鋸機
伐倒鋸

手斧・斧頭

手斧：刀刃比斧頭還要銳利，用於橫劈木材，不使用鎚子而是用楔子捶打刀背，是古時候木匠就開始使用的工具。跟斧頭一樣能縱劈，也能取代大手斧來削鑿樹幹。商品名為「吉野斧」（西山商會 http://www.nishiyama-shokai.com/）

斧頭：縱劈木材的工具。因為頭部較細，所以刀刃長度會比同樣重量的手斧長，刀刃也比手斧厚。適用於劈柴薪。因為刀刃可能會從握把上鬆脫，所以最好不要像使用楔子一樣拿去劈木材。

在山村有很多人會把手斧或鐮刀插在背後的腰帶上（我不太推薦這麼做…）

2 刀刃的研磨與保養方法

鐮刀、柴刀的研磨方法

里山生活中，每天都會用到柴刀跟鐮刀，所以刀具的研磨非常重要。研磨的方法有將磨刀石固定住移動刀具，以及固定住刀具移動磨刀石這兩種。比磨刀石還要大的刀具，像鐮刀跟柴刀大多採用後者的方式研磨。磨刀石必須呈一定的角度滑動，若有偏差就會磨成圓刃（鋒利的那面其剖面呈曲面狀態），而切不斷東西。

刀刃缺角時與一般情況一樣，都是先用粗糙的磨刀石簡單磨過，再用粗糙程度中等的磨刀石研磨修整，這種做法既快速，又能降低磨刀石的消耗量。跟菜刀或刨刀不同，戶外作業用的刀具雖然不需要進行最後的修整，但若是能夠用修整用的磨刀石磨過，會變得更加鋒利好用。

切不斷東西就磨一磨。當刀刃的尖端閃現白色紋理（刀刃變鈍而反射出白色紋理）時，就必須研磨。可用大拇指的指腹摸摸看，確認是否磨好了。在作業結束後立刻把刀具磨過，就能時時使用鋒利的刀具。

磨刀石的處理方式

磨刀石在使用前必須先吸飽水分。粗糙的磨刀石在品質上無太大差別，中等程度的磨刀石就會因種類（人造、天然石）與製造者而在使用上感覺到差異，刀具與磨刀石會有合不合的問題，最好多嘗試幾種類型的磨刀石。

在除草的季節裡，幾乎每天都會用到磨刀石，因此可以把磨刀石就放在戶外的取水處，但冬季時最好收進屋內保存，以免磨刀石凍結而斷裂。

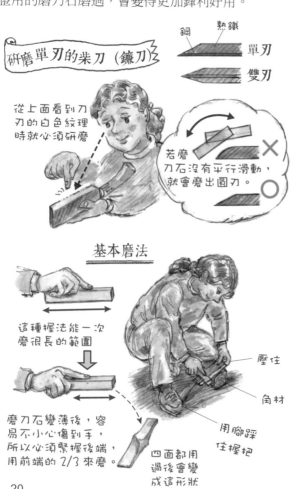

研磨單刃的柴刀（鐮刀）

鋼　熟鐵
單刃
雙刃

從上面看到刀刃的白色紋理時就必須研磨

若磨刀石沒有平行滑動，就會磨出圓刃。

基本磨法

這種握法能一次磨很長的範圍

磨刀石變薄後，容易不小心傷到手，所以必須緊握後端，用前端的2/3來磨

四面都用過後會變成這形狀

壓住

角材

用腳踩住握把

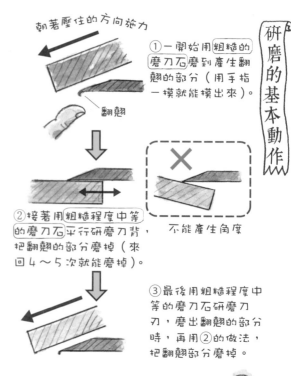

朝著壓住的方向施力

①一開始用粗糙的磨刀石磨到產生翻翹的部分（用手指一摸就能摸出來）。

翻翹

②接著用粗糙程度中等的磨刀石平行研磨刀背，把翻翹的部分磨掉（來回4～5次就能磨掉）。

不能產生角度

③最後用粗糙程度中等的磨刀石研磨刀刃，磨出翻翹的部分時，再用②的做法，把翻翹部分磨掉。

研磨的基本動作

※要把雙刃的柴刀磨出翻翹部分，會發生單片被磨掉的情況，因此必須從兩側慢慢磨（所以比較困難）。必須時時注意讓尖端垂直保持在刀刃的中央位置。

粗糙程度中等的磨刀石。左右兩邊都使用就會變成螺旋槳狀。

把修整用的磨刀石貼到木板上做出握把。用的是斷裂的磨刀石。

磨刀石種類

粗糙的磨刀石

一面是粗糙程度中等的磨刀石，另一面是粗糙的磨刀石。外出作業時帶著它就很方便。

在戶外研磨鐮刀片時，將刀片固定在水槽一角，就不會傾斜搖晃了。

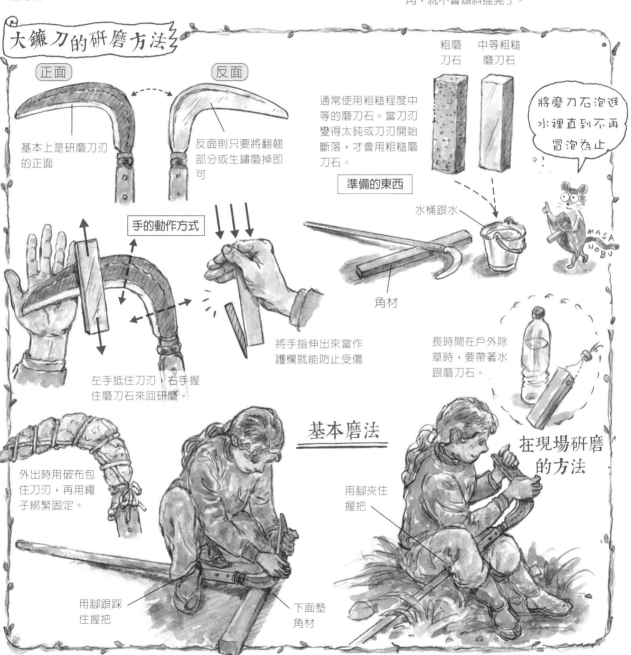

大鐮刀的研磨方法

正面

反面

基本上是研磨刀刃的正面

反面則只要將翻翹部分或生鏽磨掉即可

通常使用粗糙程度中等的磨刀石。當刀刃變得太鈍或刀刃開始斷落，才會用粗糙磨刀石。

粗磨刀石　中等粗糙磨刀石

將磨刀石泡進水裡直到不再冒泡為止

準備的東西

水桶跟水

角材

MASANOBU

手的動作方式

將手指伸出來當作護欄就能防止受傷

左手抵住刀刃，右手握住磨刀石來回研磨。

長時間在戶外除草時，要帶著水跟磨刀石。

外出時用破布包住刀刃，再用繩子綁緊固定。

基本磨法

用腳跟踩住握把

下面墊角材

用腳夾住握把

在現場研磨的方法

修整鋸子

　　修整鋸子時使用的是銼刀，研磨起來比研磨刀具還要麻煩且困難。但山林作業用的鋸子刀刃不需太細緻，所以即便是外行人也能自己動手做。一般修枝用的「替換刀刃」是用過即丟的一次性刀刃，但只要使用鑽石銼刀研磨修整，就能重複使用。

　　固定刀刃，以相同角度移動銼刀，重點跟一般刀具的研磨相同。另一項重點是，從根部到尖端，刀尖不能凹凸不平，高度必須一致。如果不能遵守這項重點，就算把尖端磨得再尖銳，也是一把沒用的鋸子。必須「將所有刀刃（左右都要）的高度，磨得跟最小的刀刃一樣高」。不需將翻翹的部分磨掉。

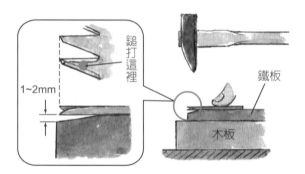

把鋸子擺在桌邊固定住

用銼刀垂直研磨

刀刃尖端的高度相同

30～35°

C

A　　　　B

先研磨 A 跟 B，最後再研磨 C。

小刀刃

用食指抵住背面，順著食指方向移動銼刀（往上彈跳的感覺）來研磨 C。

※先用磨刀石把銼刀的小刀刃磨平，就不會傷到旁邊的刀刃。

敲製出蛤蠣嘴

　　鋸子左右的刀刃往外微張，鋸出鋸屑使刀刃不會被木材夾住，而能持續作業，那就是「蛤蠣嘴」。

　　鋸子的刀刃尖端會愈磨愈短，蛤蠣嘴也會愈來愈狹窄，必須將它敲開。現在的改良刃、修枝鋸依刀刃的不同厚度來形成蛤蠣嘴，所以不需敲製，但伐倒用的鋸子則需進行蛤蠣嘴的調整。

　　為了將左右敲出相同幅度，必須把鋸子刀刃的根部抵在鐵砧上，再用磨尖的鎚子（瓦片鎚等磨床研磨調整）敲製（下圖）。用相同的力道，分別將兩側敲出相同的開合幅度，最後再進行修整。

鎚打這裡

1～2mm

鐵板

木板

▲鎚打出蛤蠣嘴的方法　用磨床把鐵板邊緣削磨出 1～2mm 的斜角，再安裝在厚的角材上，鐵砧就完成了（上圖）。如果左右的蛤蠣嘴不一樣，鋸子就會鋸不直，必須注意。

若是手很巧的人，不需使用虎鉗等工具固定，也可用這種姿勢來修整鋸子。

3 安裝手工道具的握把

用手邊現有材料製作握把

一般柴刀、斧頭跟手斧的握把是青剛櫟木材，鐮刀的握把是較輕的日本厚朴等製成，鋸子的握把為了不使手導熱，多採用桐木。

我的住家林地（防風林）種了黑櫟樹，其樹枝可用來製成柴刀等工具的握把。但它容易遭蟲蛀，所以秋季將其採伐下來後，擺在地爐或爐竈等煙薰得到的地方，放置幾年乾燥最為理想，但前人通常是在現有的柴薪裡隨便挑根樹枝做成握把。若在作業中發生握把斷裂或刀刃鬆脫狀況，是非常危險的事情，因此必須挑選沒有被蟲蛀且不易斷裂的木材。我也試著模仿至先生自行換了鐮刀握把。用了4個夏天之後依然堅固。

杉木前端充滿木節（還活著的樹枝），所以雖然很輕但很堅韌。縱然不適合用於受衝擊性高的柴刀或手斧，但還有很多其他用途。我的大鐮刀、鳶嘴鋤、橫斧握把，用的都是這種杉木材。

固定握把的方法有在木材上鋸出凹槽，插入刀刃後用釘子固定（柴刀、鋸子、鐮刀），或是把木材穿過刀刃上的洞，再插入木楔固定（手斧、鎚子、鳶嘴鋤）。釘子是從廢工具上拔下來的螺絲釘，把尖端重新磨過後就可使用。楔子可用市面上販售的金屬製品，若空隙很大，就自己用青剛櫟木材做。可以把換掉的握把留著，日後拿來製成木楔。目標不是要達到完美境界，而是在駕馭現有物資的過程中累積經驗，這才是里山生活的訣竅。

握把的木紋

木紋彎曲的木材容易折斷

就算是新的也會折斷

在選購工具時，盡量挑選木紋筆直的木材。

▼安裝鐮刀的刀柄（用釘子固定）

前端必須是套得進鐵環的大小

用鋸子鋸出一道凹槽

用筆做記號

記號

在釘孔上做記號

把鐵環套進前端插入刀刃

用錐子開出釘孔釘上釘子

把鐵環敲緊

用銼刀修整

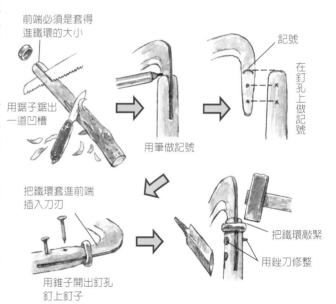

更換鋤頭握把（用木楔固定）
▶

掉到地上的兩把鋤頭雖刀刃尖端斷掉但都還能用，所以幫它們換了握把。由於沒有粗細符合鐵環大小的握把，所以在杉木上插一根大的黑櫟木製成握把。在安裝前，先用鐵鎚敲打握把跟木楔（敲打使其壓縮，復原膨脹後便能增加接合力）。

杉木

黑櫟木

4 鏈鋸機的構造

挑選鏈鋸機

　　鏈鋸機的作業效率是手斧或手鋸的一百倍，相對的危險度也很高，因此必須熟知內部構造與刀刃的研磨方式。若是第一次購買，我推薦選購值得信賴的廠牌所生產的中小型機型，並配有防止震動功能。

引擎

　　鏈鋸機是使用二行程循環的引擎。這種引擎將進氣、壓縮、點火、排氣這四個動作進行兩次，是很忙碌的一種引擎。與四行程循環引擎不同，其沒有裝引擎潤滑油的地方，而是在燃料中加入引擎潤滑油作為潤滑劑。以這種方式製成的小型高速引擎，有著排出的氣體臭味很重，以及

會在引擎中混入雜質等需要特別注意的小地方。

　　解決進氣時吸入雜質的方法是安裝空氣清淨濾網，燃料中的雜質則是讓它們附著在燃料儲槽中的過濾器上。這兩者的網目都極細小，能夠攔截雜質，且鏈鋸機的所有者能夠自行清理。

鏈鋸與導桿

　　由於是刀刃外露運轉的工具，因此可說是所有工具中最危險的一種。刀刃能使用圓銼刀研磨。擁有鏈鋸機，就必須熟知研磨刀刃的方式。若刀刃不夠鋒利，不僅會使機具震動激烈、操作者容易疲勞，也會對引擎造成負擔。鋸屑呈粉狀，會導致空氣

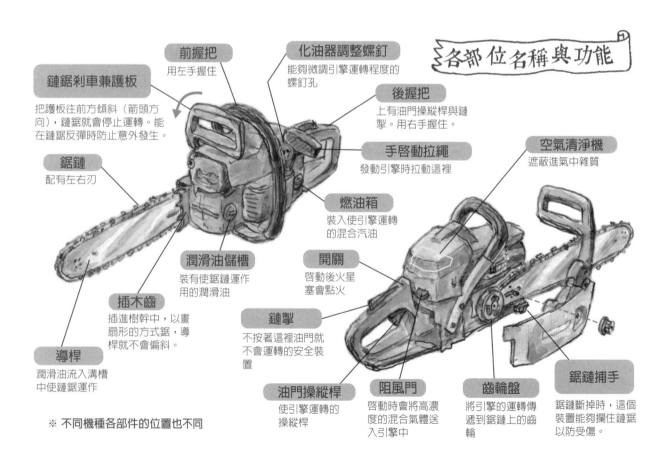

各部位名稱與功能

前握把
用左手握住

化油器調整螺釘
能夠微調引擎運轉程度的螺釘孔

鏈鋸刹車兼護板
把護板往前方傾斜（箭頭方向），鏈鋸就會停止運轉。能在鏈鋸反彈時防止意外發生。

後握把
上有油門操縱桿與鏈掣。用右手握住。

空氣清淨機
遮蔽進氣中雜質

鋸鏈
配有左右刃

手啟動拉繩
發動引擎時拉動這裡

燃油箱
裝入使引擎運轉的混合汽油

潤滑油儲槽
裝有使鋸鏈運作用的潤滑油

開關
啟動後火星塞會點火

插木齒
插進樹幹中，以畫扇形的方式鋸，導桿就不會偏斜。

鏈掣
不按著這裡油門就不會運轉的安全裝置

導桿
潤滑油流入溝槽中使鏈鋸運作

油門操縱桿
使引擎運轉的操縱桿

阻風門
啟動時會將高濃度的混合氣體送入引擎中

齒輪盤
將引擎的運轉傳遞到鏈鋸上的齒輪

鋸鏈捕手
鏈鏈斷掉時，這個裝置能夠攔住鏈鏈以防受傷。

※ 不同機種各部件的位置也不同

清淨濾網或燃料儲槽過濾器堵塞。鏈鋸機故障的原因，有九成都是「修整」不足所導致。

　　如果鏈鋸機的刀刃沒有時時以潤滑油潤滑，導桿與鏈鋸就無法順暢運作，作業中鏈鋸上的鉚釘就會燒焦。因此除了燃料儲槽外，另外附有一個裝有鏈鋸潤滑油的儲槽，運轉時潤滑油就會流入溝槽中，並在鋸木頭時飛散消耗掉。使用後，鋸屑會沾附在內部，所以必須經常清理齒輪盤四周（把護罩拆開）跟導桿溝槽。

燃料與燃油

　　要使鏈鋸機運轉，必須有「混合汽油」與「鏈鋸潤滑油」這兩種油類，混合汽油是由「汽油」與「引擎潤滑油」混合而成，裝在燃料儲槽中。「鏈鋸潤滑油」則是一般買得到的東西，裝在潤滑油儲槽中。

　　無論是哪種機種，都設計成如果混合汽油的燃料儲槽空了，鏈鋸潤滑油的儲槽也會跟著空，建議將鏈鋸潤滑油裝滿，但燃料儲槽不要裝到全滿，這麼一來會比較安心。

倒入汽油　　倒入引擎潤滑油

◀製作混合汽油的專用塑膠容器
依照刻度注入兩種油，蓋上蓋子翻轉油桶使油類混合。由於沒有 50：1 的刻度，因此以 25：1 來混合。

　　家居生活館或專門店裡有販售現成的「混合汽油」，但自己製作的東西用起來比較安心。在汽油中加入少量的引擎潤滑油，輕輕混合拌勻。「汽油」與「引擎潤滑油」的混合比例通常為 25：1，或是性能更高的 50：1。市面有販售符合正確混合比例的專用瓶（上方照片），非常方便。

　　可帶著專用金屬瓶，到加油站購買 92 或 98 無鉛汽油，混合用的引擎潤滑油則可到家居生活館等處購買。汽油類嚴禁靠近火源，因此絕對不可在靠近火堆的地方調製汽油或添加汽油。

　　混合汽油若放太久，品質會變差，最好是兩個月內用完，若沒有用完，可將剩下的混合汽油用來清洗空氣清淨濾網或燃料過濾器。如果沒有存放在陰暗處，使陽光直射，便會揮發而導致瓶罐膨脹，非常危險。

　　「鏈鋸潤滑油」就只是單純的潤滑油，因此可用汽車的引擎潤滑油替代（但不可用廢油）。市面上也有販售分解快速的植物性油。

用導桿的下側鋸

鏈鋸機朝著木材的方向鋸（箭頭方向）。鋸屑會朝自己的方向飛散。

用導桿的上側鋸

鏈鋸機朝著自己的方向（箭頭）移動施力。鋸屑朝前方飛散。

無論使用鏈鋸的上側或下側，都必須注意「鏈鋸反彈」！

鏈鋸機運轉方式

如果使用導桿前端 90° 的部分，會引發鏈鋸反彈，非常危險。

90°

※ 鏈鋸反彈＝導桿突然朝向操作者臉部彈起的情況。

◀燃料專用的保存容器
照片左，可分別保存混合汽油與潤滑油的容器。照片右，便於攜帶的小型金屬容器。不能用保特瓶裝燃油。

5 鏈鋸機的修整與保養

如何安全且有效率使用鏈鋸機

鏈鋸機與木工用的電動鋸不同，在野外粗略地使用且刀刃磨耗很快。不夠鋒利的鏈鋸機不但會降低作業效率，還會過度消耗汽油與潤滑油，產生的摩擦熱也會傷害刀刃。

此外，鏈鋸機在作業時會產生大量的鋸屑。它們是使導桿的潤滑油供給溝槽與空氣清淨濾網堵塞的原因之一。

確實修整刀刃，才能正確使用鏈鋸機。另外還必須確實清除鋸屑所造成的污垢，這兩點非常重要。首先，學習最重要的鏈鋸修整。

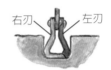

鏈子連結的左右成對刀片能夠切削木頭

若要比喻的話，側刃就像是鋸子，上刃就像是鑿刀。

要點一　刀刃形狀

鏈鋸的刀刃呈鑰匙狀，上側稱爲上刃（頂板），縱向稱爲側刃（側板）。上刃與側刃連接成一道弧線，而這個刀刃左右成對排列，連結成鏈狀，順著導桿的溝槽移動。

上刃的功能就像是木工工具裡的鑿刀，而側刃的功能則類似鋸子，以這種方式來思考應該比較容易理解。

兩者缺一不可，現在主流的半鑿型鏈鋸機其刀刃是設計成只要用一根圓銼刀就能研磨的構造。

雖然如此，爲保持正確的研磨方式，必須注意下列重點：

1）圓銼刀與刀刃的角度必須保持不變（與導桿的直角方向應呈 35°角，如下頁圖）。

2）與上刃保持水平的方向移動。

3）研磨時，圓銼刀剖面的上方 1/5 必須保持突出於刀刃。

維持這樣的動作與高度，是必要條件。

如果無法做到1），上刃就會被磨成圓形。而保持上刃的高度平直一致，是一把好鏈鋸機的絕對條件。若無法保持2）的水平，側刃的角

刀刃 的形狀

形狀這麼複雜的刀刃，竟然用一把圓銼刀就能研磨，真是太厲害了！

圓銼刀的研磨方向

上刃

紅線為刀刃前端

側刃

齒前部

移動方向

鉚釘連接鏈子的孔洞

上刃

側刃

從上面看

從側面看　　從正面看

※這種左右成對的刀片交互連結成鍊條

度就會偏斜。磨過頭的刀刃稱爲「倒鉤」，磨得不夠則稱爲「後傾」。倒鉤的情況會變成只有用上刃在摩擦木頭，機體的強烈震動會造成身體負擔。「後傾」則會使鏈鋸滑動，產生熱能而不好使力，並鋸出細粉狀的鋸屑。那會使空氣清淨濾網阻塞，並容易飛進燃油箱、潤滑油儲槽，導致管道堵塞，成爲各種故障的原因。如果能夠保持3），就能將上刃與側刃研磨出理想的角度。

各家廠牌都有販售輔助維持角度與銼刀突出部分的配件，還是新手時可使用它們，但因爲它們無法拿來應用到其他地方，所以最重要的還是牢記基本原理與研磨手感。

要點二　刀刃結構

即使將刀刃一一磨成正確的形狀，卻還是鋸不了東西。事實上，有許多人並不了解在這之後所會面臨到的問題。

鏈鋸的 L 形刀刃會使刀刃的長邊產生「淨空角」，也就是一個「錐體」，這是爲了讓刀刃

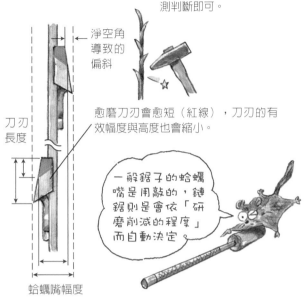

若刀刃長度不一致，就不是把好鋸子。但不需用游標卡尺之類的工具來測量，用目測判斷即可。

淨空角導致的偏斜

刀刃長度

愈磨刀刃會愈短（紅線），刀刃的有效幅度與高度也會縮小。

一般鋸子的蛤蠣嘴是用敲的，鏈鋸則是會依「研磨削減的程度」而自動決定。

蛤蠣嘴幅度

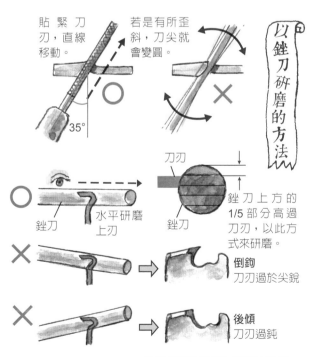

以銼刀研磨的方法

貼緊刀刃，直線移動。

35°

若是有所歪斜，刀尖就會變圓。

○ 水平研磨上刃

銼刀

刀刃

銼刀

銼刀上方的 1/5 部分高過刀刃，以此方式來研磨。

× → 倒鉤　刀刃過於尖銳

× → 後傾　刀刃過鈍

※ 比直角稍尖是最爲理想的狀態

能夠更加深入木頭而做出的設計。如果將左右兩側的刀刃全都磨得一樣長，錐體高度也會一致，蛤蠣嘴也相同。相反地，若不一致，那麼即使把所有的刀刃都磨利，也不會是把好鋸的鏈鋸機。

修正的方法只有一種，從上方看下去，把所有的刀刃都磨得跟最小的那個刀刃一樣大（不光是把刀刃磨利，還要進一步把刀刃磨短）。

像這方法就很有效。在開始動手研磨前，先審視所有刀刃，找出最需要研磨且前端已經圓鈍的（刀刃前端有白色發亮的肌理）。記住將那個刀刃徹底研磨好，銼刀需來回數次，再以相同次數研磨其他所有刀刃。

了解這種調整作業有多費工後，應該就會明白鏈鋸機鋸到石頭等硬物而讓刀刃缺角，是件多麼麻煩的事。爲了那幾根缺角的刀刃，就必須把所有的刀刃都磨短。與其之後花一個小時修整刀刃，倒不如在現場花一小時，確實做好避開石頭的措施。

要點三　齒前部的高度調整

　　另外還有一個重要的構造，就是在鋸鏈前端，有一個稱為齒前部的突出部分。如果以木工工具來比喻的話，就像是刨刀的「台座」部分，齒前部高度與刀刃高度間的差，就是能夠鋸進樹幹的深度。如果齒前部太高，就跟刨高的刀刃埋進台座裡一樣，不管把刀刃磨得多鋒利，還是鋸不動樹幹。相反情況下，刀刃的負擔就會過大，而在移動拉扯時產生強烈震動。理想的差為0.6～0.65mm，可以使用專用的深度規測量，用平銼刀把突出的部分磨掉。此外，還必須將前端角度磨圓。做法也跟前面一樣，只要記住第一個齒前部研磨的次數，全部的齒前部都用相同的次數研磨，就不需每次都用深度規測量了。

　　如果是新的鋸鏈，雖然已經過調整，但就算是新品，經過研磨後，真正的銳度才會出來，所以不妨先用深度規量量看突出的高度。不需要每次使用鏈鋸機的時候都研磨齒前部，研磨的頻率大約是刀刃研磨3～4次時，研磨一次齒前部。

有很多人會過度研磨齒前部，必須留意。

緊實固定住導桿

　　因此，「刀刃形狀」、「刀刃結構」、「齒前部高度調整」如果缺少了任何一項，鏈鋸機就無法順暢運作。而達成這項目的方法，在「刀具的研磨」那一頁中曾提到，最重要的是將刀具固定，再用磨刀石（銼刀）以固定方向進行正確的研磨動作，鏈鋸的研磨道理也完全相同。但是，鋸鏈的形狀並不容易研磨，而且鋸鏈會移動，因此必須下點工夫。此外，要把左右兩側的刀刃都磨得一模一樣，也並非易事。

　　可以用小型的鉗夾把導桿固定住，或是用鏈鋸機在樹樁或樹幹上鋸出一道溝槽，把導桿插進去固定住。接著把細樹枝或木楔插進導桿與鋸鏈間的縫隙裡，將鋸鏈拉緊而不會鬆脫搖晃。

左右平均研磨

　　首先，把左側的刀刃全都磨過。與其逐一轉動鏈條來磨，不如移動身體，把磨得到範圍內

齒前部就像刨刀台座

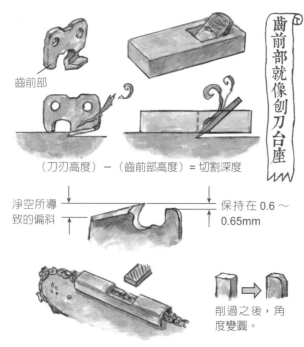

齒前部

（刀刃高度）－（齒前部高度）＝切割深度

淨空所導致的偏斜

保持在0.6～0.65mm

削過之後，角度變圓。

用深度規來確認高度，用銼刀把突出的部分磨掉。把深度規移開後再用銼刀磨。

▼用鉗夾固定導桿

插入小樹枝

鉗夾

用小型的鉗夾固定住導桿，就能一邊轉動鋸鏈，一邊研磨，非常方便。把一塊木片墊在鉗夾與導桿間，以免傷到導桿。

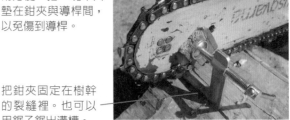

把鉗夾固定在樹幹的裂縫裡。也可以用鋸子鋸出溝槽。

力道　　　　　力道

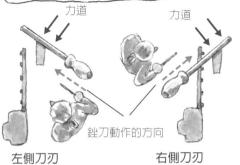

銼刀動作的方向

左側刀刃　　　　　右側刀刃

對於右撇子而言，左側的刀刃比較好磨，右側的刀刃比較難施力。

所以有很多人沒有研磨右側的刀刃（刀刃較長）

▼銼刀的刀柄是自己做的

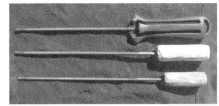

雖然市面上有販售銼刀的刀柄，但自己做的短小刀柄用起來比較順手。

的刀刃都磨好後（大約三個刀刃），再大幅度轉動鏈條，把新的刀刃轉上來，這麼一來會比較省時。轉動鏈條時，必須把插在鏈條裡的小樹枝拔掉。雖然研磨過的刀刃會閃閃發亮，但不至於不知道起點在哪裡，也可用油性簽字筆在一開始研磨的刀刃上作記號。

接下來，研磨右側刀刃。右撇子的人，右側的刀刃磨起來很不順手。鏈鋸機的機體會妨礙動作，變得很難施力。若是用鉗夾固定導桿，刀刃的位置比較高，還不至於那麼困難，但若是固定在樹樁的溝槽裡，假設一開始是把比較好磨的左側刀刃固定在溝槽裡（從上方往下看，大概是樹樁的中間偏右位置），那麼當要磨右側刀刃時，可以把鏈鋸拔出來，換個方向重新固定進去，這麼一來會比較輕鬆順手。

銼刀的動作方法

用右手的食指或大姆指勾住銼刀，貼緊刀刃移動。往前推時施力，往回拉時則不需施力。若銼刀一直偏斜，那就用左手抵住銼刀前端，用兩手來研磨。

無論研磨哪側的刀刃都必須讓手腕、手肘保持一直線，將腋下夾緊，來回移動手肘。握銼刀時，手背朝下會比較好（下方照片），刀柄短的銼刀也比較好（柄尾能夠完全收進掌心內的長度最爲適當）。

▼一般的銼刀握法

左側刀刃

右側刀刃

研磨左側刀刃時用食指抵住銼刀，研磨右側刀刃時用大拇指抵住銼刀。

▼不易偏斜的銼刀握法（手背朝下）

左側刀刃

右側刀刃

手背朝下時，腋下會縮緊，能夠直線施力。若不是像上方照片裡那種能把刀柄整個握進掌心裡的銼刀，就無法採用這種握法，但習慣後，能夠磨出很精密的刀刃。研磨左側刀刃時以大姆指勾住銼刀，研磨右側刀刃時用食指勾住銼刀。

銼刀的種類

鏈鋸機刀刃的尺寸不同，銼刀的直徑也不相同，必須使用指定的尺寸。刀刃的長度磨到剩下原本的一半時，一開始使用的圓銼刀，在剖面上突出的部分不止 1/5，磨出來的角度會太鈍。如果標準上是使用 4.8mm 的圓銼刀，這時候就可以改用小一號的 3.9mm 圓銼刀。即使刀刃變小了，圓銼刀的角度、水平、切削角度還是必須時時保持一定的狀態。

如果刀刃上沾了鋸鏈潤滑油，必須先用乾布擦乾淨，銼刀最好不要沾到油。在發動時，稍微用點力去鋸樹木，就能把油去除掉。

銼刀一定要附有刀柄。可以自己動手裝上木柄，最好是能夠握在掌心裡的短柄。把闊葉樹的樹枝削一削，用電鑽開洞，再把銼刀裝進去就完成了，非常簡單。必須將銼刀視為消耗品，並時時使用鋒利的銼刀。為每一把銼刀套上套子，不要跟其他的金屬類摩擦，並隨身攜帶。

使用後的保養

內部的垃圾……在鏈鋸機的構造上，鋸屑

齒輪盤四周的清理

鋸屑容易堆積在齒輪盤四周
鋸鏈潤滑油的流出口
固定導桿與蓋子的螺栓
調整鋸鏈鬆緊程度的控制鈕

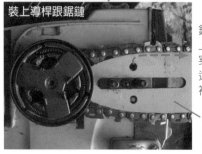

裝上導桿跟鋸鏈

鋸鏈潤滑油從導桿上的小洞流出來，穿過小型隧道後流進導桿上的溝槽裡。

輪流使用導桿的兩面，能夠保持相同的磨損程度。

▼空氣清淨濾網與空氣的流動管道

每種機種流向引擎的空氣流通管道與空氣清淨濾網的形狀都不一樣，必須了解其構造並知道該如何清理。

容易堆積在齒輪盤四周。工作結束後，可以把離合器的蓋子拆下來，將垃圾清掉。吸附了潤滑油的鋸屑，可以用空氣壓縮機吹掉，如果沒有空氣壓縮機，也可以拿不用的舊牙刷、竹片跟破布等擦拭。

導桿與鋸鏈……可以用細的木片等工具，將卡在導桿溝槽中跟孔洞裡的垃圾清掉。那裡同時有著鋸鏈潤滑油的移動通道。定期把導桿翻面使用，能使導桿兩面的磨損程度一致。如果在作業時碰撞到石頭，當天就要好好檢查鋸鏈，並徹底研磨，如果有龜裂情況，就必須更換鋸鏈。

空氣清淨濾網……雖然不需每次都清理，但如果刀刃不夠銳利而產生粉狀鋸屑，或是在灰塵量多的日子作業，濾網就會堵塞。把外罩拆下來，用刷子把附著在濾網上的髒東西清掉。若還是清不乾淨，可以把濾網拆下來，泡進溫肥皂水裡，再用牙刷清理，徹底晾乾後裝回去。如果是吸了油而結塊的鋸屑，可以用混合汽油清洗（有些機種並不適用）。

排錯 (Troubleshooting)

引擎轉不動，空轉率太高、太低，遇到這類情況時，可以調整化油器的旋轉鈕來解決。購買時附帶的使用說明書上應該有註明解決方法。這項調整如果不上手，就是很困難的事情，一開始可以拿去專門店維修，但還是希望盡可能自己完成。在調整化油器前，必須先把空氣清淨機清理乾淨。

如果有引擎發不動、運轉中引擎突然停止等情況發生時，要確認下列情況：

1）有沒有裝燃料？
2）火星塞有沒有點火？
3）燃料是否到達引擎的位置？
4）空氣清淨濾網是否阻塞？

如果這些都沒問題，那可能就是引擎內部燒焦之類的問題。只能送去專門店修理了。

我在製作日本蜜蜂的蜂箱（人工飼養用的蜂巢）時，連續使用鏈鋸機，引擎就這麼故障了。在那之前，我把鏈鋸機倒放，鋸鏈潤滑油流出來弄髒了空氣清淨機。送修花了很多錢，在發生這種悲劇前，一定要好好保養。

保存的方法

我並非林業專家，曾經有數個星期都沒有使用鏈鋸機。如果事先知道將會有一段長時間不使用鏈鋸機的話，就要把燃料倒出來，並發動引擎讓汽油撤底燃盡（自然停止）。最後，一直拉動啟動拉繩讓活塞運轉，直到氣缸的空間縮到最小的位置為止（在拉動拉繩時，會感到一陣緊縮的感覺，然後變輕），最後擺在乾燥陰暗的地方保存。

如果搞混燃料儲槽與潤滑油儲槽該怎麼辦呢？

如果將燃料倒進潤滑油儲槽中，只要把它倒出來就沒事了，但如果錯將潤滑油倒入燃料儲槽中，就會出現問題。

首先，必須立刻將油倒出來，並用混合汽油清洗儲槽內部。將鐵絲凹成鉤狀，把過濾器勾出來，再用混合汽油清洗。用嘴對著吸氣的部分用力吹氣，把堵在那裡的潤滑油吹出來後，再用混合汽油清洗乾淨。

接著，將過濾器、混合汽油、鋸鏈潤滑油重新填裝進正確的位置，發動引擎試試看。一開始不太容易發動，可能是火星塞被打濕。把阻風門打開，反覆發動引擎，過量的燃料打濕火星塞，使火花無法飛散開來，這就稱為「打濕火星塞」。這時需將阻風門與開關關上，拉動手動啟動拉繩，把空氣送進去，讓氣缸內的汽油氣化。或是把蓋子打開，將火星塞拔起來，把前端的汽油吹乾。也可以用打火機燒，但必須先遠離燃料跟鏈鋸機機體。

多試幾次後，應該就能發動了（恭喜你！）但如果誤將潤滑油裝進燃料儲槽時，拉動啟動拉繩讓轉軸運轉的話，就必須清理化油器。雖然這個自己也做得到……但如果沒有經驗，還是得送到專門店修理。

把這裡拆掉

用金屬鉤把燃料儲槽裡的過濾器勾出來。不同的機種形狀也會不同，但功能都一樣。以細小的孔隙防止雜質侵入。如果錯將潤滑油倒進燃料儲槽中，這個部分就會堵塞。把過濾器的前端拆掉，用嘴對著吸氣的部分用力吹氣，堵在那裡的潤滑油就會滲出來，再用混合汽油清洗乾淨。

金屬鉤

6 除草與樹木採伐的時期

除草的巔峰時期為初夏

由於植物是行光合作用製造養分而成長，因此生長氣勢最為強大的時期，就屬一年當中日照時間最長的夏至（大約是 6 月 21 日）前後。此時，日本正值梅雨季節，水分也相當充足，因此草木生長非常旺盛，用「爆發」來形容也不為過。

到了 7 月下旬，草木們都「長齊」了，過了 8 月的盂蘭盆節（8 月中旬），草木的生長就倏然停止，並慢慢迎向晚秋的休養時期。

想要有效率清除土地裡的草，最重要的就是盡早準備，以免錯過時節，若是草長高了，莖就會又粗又硬，不僅很難割斷，分量也很大，事後處理會相當麻煩。

促使林木生長跟萌芽的除草作業也相同，最好在草長高前就割除。梅雨期初期就開始作業，梅雨結束前完成。

樹木與竹子的採伐旬期為秋季

另一方面，樹木的採伐由於有「作為木材使用」這一點，因此跟除草完全不同。在忙碌的現代，樹木的採伐變得一年四季都在進行。但在

過去，山村裡的人們會嚴格遵守「採伐旬期」。在日本，通常是在秋天進行樹木採伐。

樹木在冬季結束時，會開始吸收水分，細胞開始活動。到了夏天，樹木中的水分含量甚至多過木質本身。光合作用會產生澱粉質，使樹皮內側（生長部分）飽含糖分。在這時期採伐的樹木，不僅很沉重，寄居在樹洞中的蟲蛹於隔年夏天孵化，樹幹成為天牛、象鼻蟲成蟲的糧食。昆蟲從樹皮中鑽出來，把樹木啃得亂七八糟。

在夏天的盂蘭盆節後，樹木的成長會極速減弱。樹木的季節感知程度比人類快上一步。秋天時，就停止吸收水分，落葉樹會開始落葉。此時，就是最佳的採伐時期。而旬期會根據緯度與高度而有所差異，不妨問問當地居民。另外，據說在秋季新月時採伐的樹木，不但不生蟲，而且材質優良，也許有嘗試看看的價值。

竹子若是在春季或夏季採伐，也容易遭蟲蛀，無法持久。果然採伐的旬期還是秋季。據說最佳的時期是在結霜前的 1 ～ 2 周。

杉木的葉枯材

樹幹中的水分含量多，水分難以從芯材中

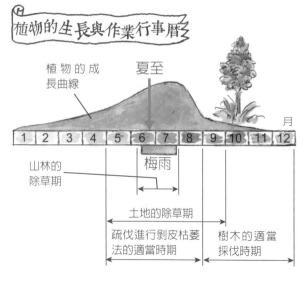

植物的生長與作業行事曆

植物的成長長曲線　　夏至

月
| 1 | 2 | 3 | 4 | 5 | 6 | 7 | 8 | 9 | 10 | 11 | 12 |

梅雨

山林的除草期

土地的除草期

疏伐進行剝皮枯萎法的適當時期　　樹木的適當採伐時期

居住在山裡的人，時時都會考慮到採伐旬期，因為它和作業效率與安全息息相關。至先生正在將採伐下來的竹子劈開，以作為隔年田地裡的支柱。附帶一提，從竹子末端的部分（末端 / 遠離根部細的那端）入刀，再像照片裡一樣，徒手剝開，就能讓竹子整齊地裂開來。

去除，便可採用「葉枯法」。疏伐時採伐下來的樹幹先不要把枝葉摘掉，將生樹枝（長有樹葉的樹枝）留下來。在樹葉枯萎過程中，水分就會隨之蒸散。就這麼把它們擺在山裡，到隔年春到初夏時，就可以把枝葉摘掉，將樹幹鋸成圓段進行集材。

即使不剝除採伐木的樹皮，在秋季到隔年春天這段期間，害蟲也不會活動，因此木材不會被蟲蛀，且水分都蒸散掉了，重量減輕而利於集材。

這種「秋季採伐的葉枯木材」，杉木的色澤出眾，用刨刀刨過後還會散發芳香。人工乾燥的木材（用石油加熱鍋爐，強制水分揮發）質地疏鬆，樹芯的紅色褪色而泛白，木材的氣味也很淡。另一方面，秋季採伐經葉枯乾燥的木材豐潤且質地細膩，紅色的樹芯清爽漂亮。這種木材經乾布擦拭，會慢慢褪色而產生深邃的色澤。

在日本全國都有販售「葉枯木材」的企業，但住在山裡，葉枯法並不是什麼難事，且即使是直徑小的木材，效果也同樣會顯現出來。

檜木的剝皮枯萎疏伐材非常實用

另一個我想要推薦的是檜木林的「剝皮枯

萎疏伐材」。

檜木的枝葉多橫向伸展，而且枯萎的枝葉不易脫落，若是不疏伐而擱置不管，就會形成密閉狀態，變成看起來就像是相互支撐站立住的線香林（活著的樹枝不多，看起來就像是線香林立般狀態）。這種樹林的下層沒有地被植物生長，生態系的自然程度低，且容易發生土石崩塌。雖然如此，若一下子就進行強度疏伐，少了支撐的林木就容易受到風雪災害而折斷。解決這個問題的方法，就是進行「剝皮枯萎疏伐」。

剝除樹皮，或用柴刀、鏈鋸機繞著樹幹割一圈，等到樹汁流盡後就會枯萎。樹木枯萎後樹葉脫落，樹枝便朝上伸展，林內的空間即拓展開來，不僅與疏伐產生相同效果，枯萎的樹木還能成為支柱，防止樹林受到風雪侵害。（詳見《圖解 這麼做就可以打造山林》鋸谷茂、大內正伸著／農文協）。

這種剝皮枯萎疏伐不僅是拯救山中荒廢林的方法，事實上那些枯萎的樹木也能拿來製成木材（但受限剝除樹皮的方法，環狀割傷的部分則無法製材）。

此外，剝皮枯萎疏伐只能在樹木活躍生長、吸收水分、養分流動的春天到夏天中進行，雖然

秋季採伐，經過葉枯自然乾燥後的杉木材（用斧頭削鑿過的厚木板），質地細緻且質感優美。即使是細的樹幹，經過葉枯乾燥後的木材也相當具有價值。很多人不知道這種杉木材真正的美與芳香。

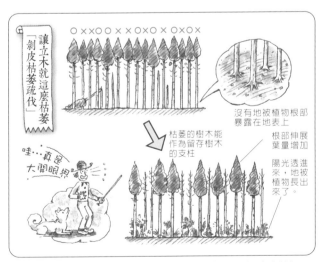

剝皮枯萎疏伐想像圖。出自《圖解 這麼做就可以打造山林》p.45

▲檜木的剝皮枯萎疏伐　繞著樹幹鋸一圈，再用柴刀縱向割一刀，就能把樹皮剝掉。抓住樹皮前端，將樹皮橫向撐開，就能往上剝除。下方的樹皮則是像剝香蕉皮般，一直剝到樹根。5～8月時能輕鬆剝除樹皮。

疏伐是在蟲類活動時期進行，但由於樹皮已被剝除，昆蟲們無法產卵（天牛、象鼻蟲等穿孔性害蟲與日本蜜蜂都有在樹皮中產卵的習性），因此

我們居住的山區裡，柴薪會被黃虎甲蟲蛀食，但只要把樹皮剝掉，受害程度就能降低。

能避免木材受到蛀食。而將採伐下來的樹幹存放在野外，要蓋木屋時再把樹皮剝掉。果然也是以同樣道理來防止蟲蝕。

保持立木狀態生產葉枯木材

把剝除樹皮的樹木就這麼擱置在林內，乾燥兩三年後再去採伐。由於水分都蒸散掉了，樹幹輕巧便於搬運，且與葉枯乾燥法有相同效果，木材色澤漂亮，劈開時還會散發出檜木特有的芳香，此方法就稱為「保持立木狀態生產葉枯木材」。話說回來，我曾聽附近從事林業的住戶提到「以前曾有人用這種方式來造林」，所以從古時候就知道此方法的效果了。

剝皮枯萎後經兩年以上的樹木，其乾燥程度甚至劈開後就能立刻作為木材或柴薪使用。樹

幹在乾燥過程中，芯會裂開，但剝皮枯萎的樹幹由於組織與根部相連，因此芯不會裂掉。

採伐的方法則是以不受風雪侵害的程度，觀察周圍樹木的枝葉回復情況，依序砍伐枯萎的樹木。

狀態好的山林，可以反覆進行剝皮枯萎疏伐與採伐，也可以採用優勢疏伐（採伐優良樹木的疏伐），而使用剝皮枯萎疏伐材，應該也是很有趣的做法。

剝皮枯萎疏伐3年後，抬頭往上看立木。葉子枯萎脫落所騰出來的空間，讓鄰接樹木的枝葉能夠伸展開來。

剝皮枯萎疏伐的效果使光線照入林內，林床上闊葉樹也自然生長出來。剝皮的樹木上幾乎看不見穿孔害蟲的蛀洞。

7 除草的實際情況

一大早就開始除草

　　草在早晨到中午之前這段時間最容易割除。因為這時草中含有水分，會變得比較柔軟，鐮刀的刀刃不會滑開而能順暢割除。此時氣溫也尚未升高，體力的耗損不會那麼激烈。

　　梅雨時期，有時候不得不在小雨中除草，但此時即使是大白天，草也很濕潤而容易割除，蟲又少，只要穿上 Gore-Tex 的防水外套就可以輕鬆作業。但地面濕滑，必須穿著釘鞋等鞋具。

有效率地進行除草作業

　　使用短鐮刀作業時，容易傷到抓住草葉的左手，所以不論多熱，除草時我都會在左手戴上手套。

　　鐮刀若不夠鋒利，效率就會愈來愈差。若是持續兩小時以上的除草作業，最好帶著磨刀石跟水，以便作業中可將鐮刀重新磨過。

　　蚊蟲滋生的時節，用手鐮刀接近地面進行除草作業時，最好在腰上掛蚊香。在山裡除草時，最可怕的就是遇到蜂類，使用手鐮刀除草，也能察覺附近有蜂巢。最好能夠不破壞蜂巢。

除草的方法　大鐮刀

只要刀刃夠銳利，不需太用力就能割除。

以畫圓般的手勢來動作就不會累了

MASANOBU

左手抓住樹枝，斜角下刀。

柴刀的使用方式

將切口敲平會比較安全

不要將手腳擺在柴刀下刀位置的下方

抓住枝幹，比較細的樹木也能用鐮刀割除。

▼一邊前進一邊除草

用手腕旋轉的力量，以畫圓方式連續割草。

▼一邊往後移動一邊除草　小鐮刀

如果是長得較高的草，最好一邊後退一邊割除。如果是位在斜坡上，背朝山坡倒退移動除草。

8 採伐的實際情況

被壓木與重心、導向口的關係

活著的樹木含有水分所以沉重，即使是胸高直徑 10cm 左右的樹木，如果伐倒的方式不正確，也有可能會受重傷或造成死亡事故。因為採伐是以大自然為對手，所以樹木的粗細、特性不會完全相同，天候等條件也都不同。必須牢記下列兩點。

1）首先必須思考自身所處位置，以免遭遇危險。
2）採伐的要點是「力學」，必須解讀並貫徹它。

必須遵守基本原則，將樹木確實朝向預計的位置伐倒。在整理土地或獲取木工材料與柴薪時，基本上是進行採伐（疏伐），必須先觀察周圍樹木情況，朝著不會造成被壓木（原以為能伐倒，卻倒靠在其他樹木上）的位置伐倒。活著的枝葉會朝向山谷方向生長，所以樹木的重心會偏

向那頭。朝著重心方向伐倒是最保險的方式。朝著山谷的方向尋找能容納伐倒木的空間（如果有擋路的半枯小樹木，可先把它們砍掉。預計伐倒的樹木周圍若有灌木或藤蔓植物也一樣先砍掉），順著這方向，在樹幹上砍出與這條線成直角的導向口。無論是用鋸子、柴刀，還是用鏈鋸機，都必須在進行過程中確認砍伐的角度，砍出正確導向口是最重要的事。雖然在斜坡上作業不易砍出正確的水平切口，但如果導向口的切線非水平線，那麼伐倒的方向就會偏斜。

樹莖與追伐口

砍出導向口後，就可在樹幹的另一側砍出追伐口。從比導向口切口稍微高一點的位置水平下刀，一直砍進快要碰到導向口的地方。將樹幹中還聯結住的2～3cm留下，此部分就稱為樹莖。樹莖會根據樹木的粗細、傾斜的感覺等而有所不同，當感覺樹木在搖晃時，就可把鋸子或鏈鋸抽

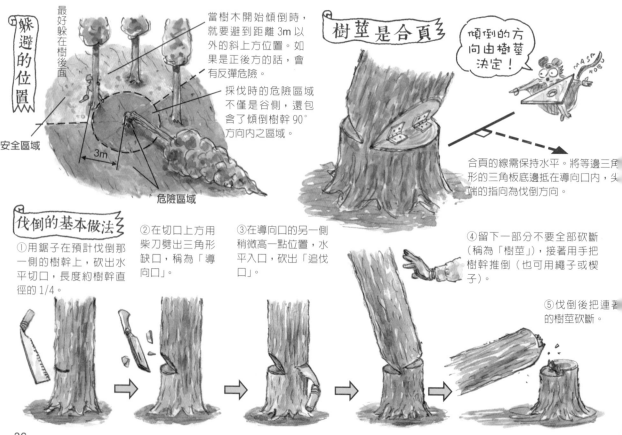

躲避的位置

最好躲在樹後面

當樹木開始傾倒時，就要避到距離 3m 以外的斜上方位置。如果是正後方的話，會有反彈危險。

採伐時的危險區域不僅是谷側，還包含了傾倒樹幹 90° 方向內之區域。

安全區域

3m

危險區域

樹莖是合頁

傾倒的方向由樹莖決定！

合頁的線需保持水平。將等邊三角形的三角板底邊抵在導向口內，尖端的指向為伐倒方向。

伐倒的基本做法

①用鋸子在預計伐倒那一側的樹幹上，砍出水平切口，長度約樹幹直徑的1/4。

②在切口上方用柴刀劈出三角形缺口，稱為「導向口」。

③在導向口的另一側稍微高一點位置，水平入口，砍出「追伐口」。

④留下一部分不要全部砍斷（稱為「樹莖」），接著用手把樹幹推倒（也可用繩子或楔子）。

⑤伐倒後把連著的樹莖砍斷。

砍出導向口的訣竅

樹莖幅度＝直徑的 1/10

導向口深度＝直徑的 1/4

追伐口高度＝直徑的 15～20%

45°以上

此線需為水平線

正確砍出與水平線成 45°的切口

即使站在斜坡上，只要提著鏈鋸機的握把，就會自然呈水平或 45°。

45°

水平

※若有誤差必須牢記

正確砍出伐倒的方向

把鏈鋸機插進導向口內，再用手肘抵住樹幹，確認直角方向。

鏈鋸機的機體本身也可用來測量出直角方向。

出來，用手推樹幹。接下來，樹莖就像是門後的合頁般，使樹幹朝著與導向口垂直的方向慢慢倒去。也可以不要用手去推，只要把楔子打進追伐口裡就可以了。楔子的施力比手的力道還要大，所以能夠對付較厚的樹莖，也較安全。

正確地將樹莖保留下來

若把樹莖全都鋸斷，就沒有東西來引導樹幹朝向預計的方向傾倒，非常危險。此外，若把樹莖的單面砍得太深而讓樹莖太薄的話，樹莖就會朝另一側扭轉並傾倒。

樹莖太厚，樹推不倒，樹莖太薄，樹莖本身會斷掉而無法引導樹倒的方向。要平行且確實劈砍出樹莖，必須固定住身體與腳的位置，用鏈鋸機從導向口的另一面下刀，如此一來手腕跟身體會記憶住平行的位置，就能正確鋸出切口。

此外，利用鏈鋸機導板底部附的插木齒，就能讓導板呈扇形移動。如此一來，至少絕不會把插木齒那側的樹莖切斷，所以只需注意另一側需要鋸到什麼地方即可。如果是用手工鋸，則必須一邊注意跟導向口切口的距離，一邊往內鋸。

下刀位置愈低，能收穫的樹幹就愈長。此時，由於根部擴張的影響，纖維會呈不規則方向，因此樹莖可能會容易出現「部分斷裂」情況，必須留意。

此外，下刀位置的樹幹直徑若超過 30cm，也有可能會由於樹莖所產生的作用力，而讓樹幹出現裂痕。如果先把樹芯砍斷，或是預先在樹莖的下方鋸出切口的話，就能預防此情況發生。

鋸出追伐口的訣竅

在完成導向口後，腳不要移動，就這麼鋸出追伐口，即能製作出平行的樹莖。

因為視線跟手感相同

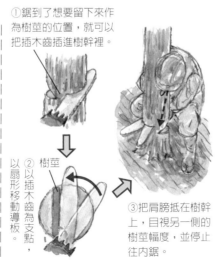

①鋸到了想要留下來作為樹莖的位置，就可以把插木齒插進樹幹裡。

②以插木齒為支點，以扇形移動導板。

樹莖

③把肩膀抵在樹幹上，目視另一側的樹莖幅度，並停止往內鋸。

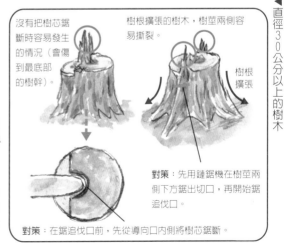

沒有把樹芯鋸斷時容易發生的情況（會傷到最底部的樹幹）。

樹根擴張的樹木，樹莖兩側容易撕裂。

樹根擴張

對策：先用鏈鋸機在樹莖兩側下方鋸出切口，再開始鋸追伐口。

對策：在鋸追伐口前，先從導向口內側將樹芯鋸斷。

▲直徑30公分以上的樹木

9 特殊樹木（枯木、斷木、彎木）、傾斜樹木的採伐

危險的特殊木採伐

如果是太晚疏伐而受到風雪侵害的樹林，就會有很多枯萎、折斷、彎曲的樹木。首先要將這些樹木伐倒，但在處理特殊的樹木時，必須非常注意。

1）枯木……由於枝葉都已斷落，所以在傾倒時少了空氣的阻力。在傾倒時也不會發出聲音，倒的速度很快。若是腐壞的樹木，有時候即使保留了樹莖，也未必會起作用。在傾倒時，必須發出聲音警告一起作業的人。

2）斷木……留存下來的樹幹會出現龜裂情況，所以樹莖也不一定能發揮功效。若樹幹的高處還留有樹枝，重心的位置也會很高，有可能會沿著龜裂而使整個樹幹都裂開來。因此最好在劈砍導向口跟追伐口前用繩子綁緊龜裂位置，再開始進行採伐作業。

還沒有找到重心的樹木，在鋸追伐口時不要把導桿抽出來（引擎關掉），保持這種狀態用手推倒。如果把導桿抽出來，樹幹有可能朝向追伐口的方向傾倒。最好盡可能從靠近地面的位置下刀，作用力會比較強，且較容易伐倒。

3）受風雪侵害而彎曲的樹木……為採伐時最危險的一種樹木。在鋸追伐口時，樹幹會裂開彈跳，因而頻繁造成受傷事故。在採伐前用繩子（最好用鐵鏈或鋼索）綁住樹幹上方，作業起來會比較安心。同時需保持能夠朝後方閃避的姿勢，只要樹木稍微搖動或發出斷裂聲音，就要立刻把鏈鋸機抽出來，盡快後退。下圖中的 V 字鋸

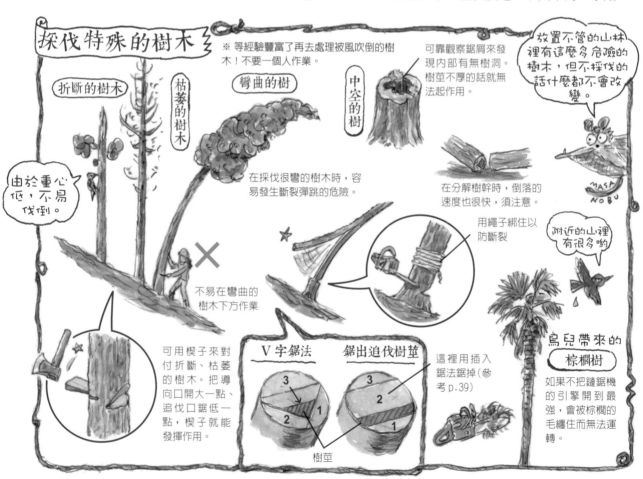

法也適用於細的樹木。在樹幹的兩處鋸出 V 字形導向口，再於稍微高一點的位置鋸出追伐口。

4）**下方直徑高於 20cm 的彎曲樹木**……不是鋸出追伐口，而是「插入鋸法（追伐樹莖）」。插入鋸法只適用使用鏈鋸機作業的情況，在鋸出導向口後，接著用電鋸從樹幹中央鋸出一道切口，從另一側的切口把刀刃抽出來。保留樹莖的部分，追伐口那一側也不需全部鋸斷，留下 2cm 左右，把導桿抽出來。如此一來樹幹中間少了支撐的力量，最後再用鏈鋸機從追伐口那側將剛保留下來的部分（追伐樹莖）鋸斷，把樹幹推倒，就不會發生樹幹彈跳的狀況。

訣竅是一開始插入刀刃時，可能會出現鏈鋸反彈狀況，須特別留意。施行插入鋸法時，腳的位置要一開始就固定，透過移動腰部的重心邊施力。鋸的時候不要移動腳的位置是重要關鍵。

想要讓樹木倒向重心的反方向時

這時必須施力來改變樹木的重心。有下列三種方法。

1）**以繩子拉樹幹**……用繩子把樹幹往想要的方向拉倒，是最一般的方法，但若沒有足以形成重心的張力，鏈鋸就會被夾在追伐口裡。樹愈高愈有可能發生此危險。如果是插入鋸法就能避免這種危險，但在鋸斷追伐樹莖時，必須確認其張力是否足以使樹幹確實倒向目的方向。若無法以人力完成，可使用油壓拖曳機（tirfor）或滑輪等工具輔助。

2）**使用楔子**……先鋸出追伐口，把楔子插在追伐口裡，將樹幹一側墊高。接著鋸導向口、保留下樹莖，再將楔子打進去，使樹幹傾倒。雖然楔子是小小的工具，卻能把樹幹抬起來。

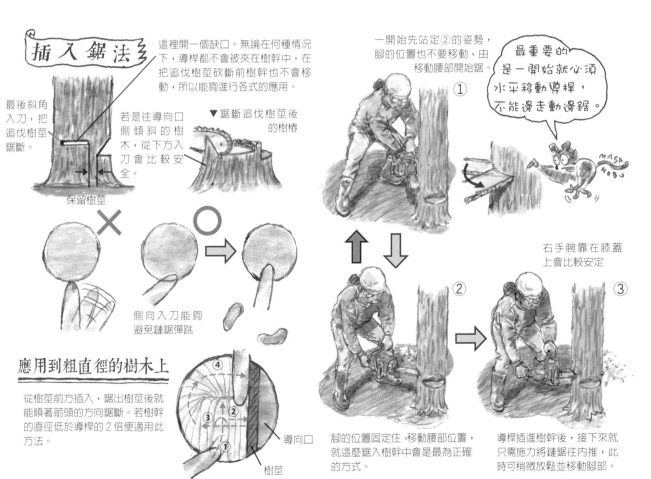

插入鋸法

這裡開一個缺口。無論在何種情況下，導桿都不會被夾在樹幹中，在把追伐樹莖砍斷前樹幹也不會移動，所以能夠進行各式的應用。

最後斜角入刀，把追伐樹莖鋸斷。

若是往導向口側傾斜的樹木，從下方入刀會比較安全。

▼ 鋸斷追伐樹莖後的樹椿

保留樹莖

✕　○

側向入刀能夠避免鏈鋸彈跳

應用到粗直徑的樹木上

從樹莖前方插入，鋸出樹莖後就能順著箭頭的方向鋸斷。若樹幹的直徑低於導桿的 2 倍便適用此方法。

導向口

樹莖

一開始先站定②的姿勢，腳的位置也不要移動，由移動腰部開始鋸。

①

最重要的是一開始就必須水平移動導桿，不能邊走動邊鋸。

MASANOBU

右手腕靠在膝蓋上會比較安定

② ③

腳的位置固定住，移動腰部位置，就這麼鋸入樹幹中會是最為正確的方式。

導桿插進樹幹後，接下來就只需施力將鏈鋸往內推，此時可稍微放鬆並移動腳部。

3）使用拖曳機（tirfor※）……同一般做法，先在目的方向鋸出導向口。之後，一邊用拖曳機直線拖拉樹幹，一邊鋸出追伐口。如果使用拖曳機而不使用滑輪，不僅會使作業者置身於危險區域裡，還有可能會被斷掉的繩索打到，非常危險。使用滑輪改變方向，在作業時必須處處留心。即使使用拖曳機拉，在砍斷樹莖時，樹幹還是有可能倒往相反方向。如果在同個方向，用繩子綁到另棵樹上，製造出另一個支點，就能比較安心。必須充分了解拖曳機、滑輪、楔子等工具後，再謹慎使用。我推薦的參考書是《伐木製材的鏈鋸機用法》（石垣正喜、米津要著／全林協）。

※tirfor……. 手動式絞車（Winch），以一側為支點，反覆拉動把手使繩索捲動的小型機械。商品「tirfor -7」本體重 7kg，拖曳重量 750kg，經常用於林業相關作業上。附有 20m 繩索的價格約為 7～8 萬日圓。Http://www.tirfor.co.jp/

10 被壓木的處理

現今人工林所無法避免的問題

採伐樹木時，特別是杉木、檜木等人工林時，很容易出現被壓木情況。前面也提到，所謂的被壓木是指在伐倒時，樹幹被周圍樹木的枝葉勾住而無法倒下的情況。當然最好是不要有被壓木的狀況發生，但這在現今人工林裡卻是無法避免的事情。而且把被靠木砍倒的話，被壓木有可能會朝自己的方向傾倒，非常危險，絕不可以這麼做。處理被壓木的方法有「轉動樹木」、「用繩子搖晃樹木」、「拉動根部」這三種。如果真的倒不下來，還有「保持被壓的狀態下圓鋸」這方法。

1）**轉動樹幹**……轉動被壓木，讓纏繞在一起的枝葉分開來。適用於較粗的樹木。觀察旁邊的樹木情況，轉動樹木並使用轉環桿，如果是倒往右

楔子的使用方法

樹木的重心是在樹高的 1/2 到 1/3 位置，所以只要用楔子稍微把樹幹墊高，就能使重心位置大幅移動。

①使用大小兩個楔子。首先用小的楔子幫鋸子開道。

塑膠製

②用大的楔子把樹抬高

邊觀察搖晃情況一邊把楔子打進樹幹裡

青剛櫟木材　鐵環

※ 以前是在比較硬的木材（青剛櫟等）套上鐵環製成楔子。現在主要是使用強化塑膠製的楔子。

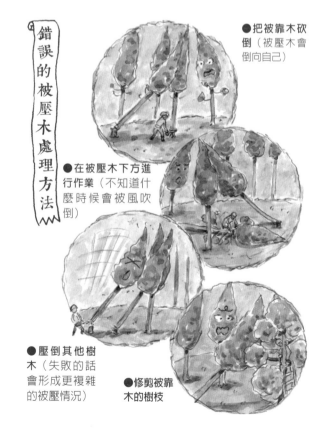

錯誤的被壓木處理方法

●把被靠木砍倒（被壓木會倒向自己）

●在被壓木下方進行作業（不知道什麼時候會被風吹倒）

●壓倒其他樹木（失敗的話會形成更複雜的被壓情況）

●修剪被靠木的樹枝

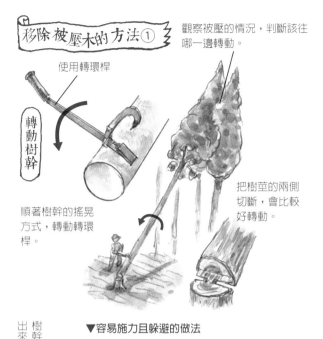

移除被壓木的方法①

使用轉環桿

轉動樹幹

順著樹幹的搖晃方式，轉動轉環桿。

觀察被壓的情況，判斷該往哪一邊轉動。

把樹莖的兩側切斷，會比較好轉動。

▼容易施力且躲避的做法

腳的位置相反會很危險。

樹幹一開始傾倒，就要把轉環桿抽出來，迅速遠離樹幹。

邊，就往右邊轉動，倒往左邊就往左邊轉動。把樹莖的兩側切斷會比較好轉動。要小心轉環桿不要打到自己。

2）**用繩子搖晃樹幹**……只需要一根 4 ～ 5m 長的繩子。把樹莖砍斷後，用稱人結把繩子綁在樹幹上，往容易傾倒的方向拉。樹木會彎曲並產生鐘擺運動，順著這個運動拉動繩子，最好能夠大幅增加其張力（繩結的綁法請參照附錄）。

3）**拉動根部**……將樹幹的根部抬高，把樹幹往被壓的反方向拉。適用於細的樹木（太粗的樹木拉不動）。雖然也可直接用手拉，但只要樹木開始搖動，就要立刻放手並遠離樹幹。也可在根部綁上牛結，用同樣的方法把樹幹往後拉。將樹莖砍斷時，如果樹根埋進土裡就很難作業。可以用槓桿棒把根部抬起來。

移除被壓木的方法②③

使用繩子

確認拉動的方向，配合樹幹的搖晃來拉動繩子。

如果根部埋進土裡，可用槓桿棒把樹幹抬起來。

拉動根部

把樹莖完全砍斷，將根部抬高往後拉。

稱人結

用登山扣做把手會更好施力

4）**保持被壓的狀態下圓鋸（折倒）**……此方法又稱「不倒翁砍法」。在荒廢的檜木林裡，幾乎所有的樹木都會變成被壓木，所以砍伐專家們會採用此方法。但木材都被鋸開了，因此無法收穫到長木材。

因為圓鋸的樹幹會「砰」地掉下來，不知道樹幹會倒向哪邊，所以需要小心執行且這是很危險的方法。如果已耗費時間，還是無法以前三種方式解決被壓木問題，才會建議使用此方法。執行時也要注意勿把鏈鋸高舉過胸。

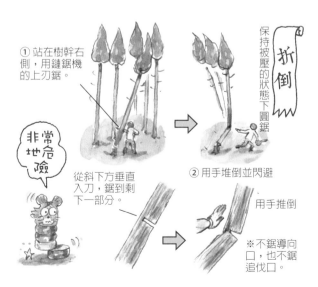

折倒

保持被壓的狀態下圓鋸

①站在樹幹右側，用鏈鋸機的上刃鋸。

非常地危險

從斜下方垂直入刀，鋸到剩下一部分。

②用手推倒並閃避

用手推倒

※不鋸導向口，也不鋸追伐口

11 修枝與修剪

樹枝的砍法

砍除樹枝可分為三種類型，分別是為了提升木材品質或林分種類，施行於人工林的「修枝」，與庭園管理時，針對闊葉樹施行「修剪」，以及去除從闊葉樹樹樁上長出來的萌芽，稱為「摘苗」。

1）人工林的疏枝……將樹木下方的樹枝從根部砍掉，以獲得長直的樹幹，未來能夠製成較高價值的木材。且這麼做能讓林床的日照與通風良好，環境也變好。切口則會隨著年輪生長而收束起來。這就像對樹木進行外科手術，如果一次砍掉大量的樹枝，會對樹木造成傷害。此外，假使大量砍除樹枝，對樹幹的成長也會有不良影響。

若是杉木或檜木，必須把樹幹長度 1/2 的樹枝都保留下來。但現實情況是，疏於疏伐的山林中，很多樹木上枯萎的枝葉都已長到很高的地方，若把那些枯萎的樹枝繼續留下來，在製材時就會發現樹幹上有很多死樹節所形成的孔洞，因此基本上必須盡可能把枯萎的樹枝全都砍掉。

「修枝」是把樹枝根部的「枝座」保留下來，其餘部分砍掉。若把枝座也砍掉，木材上就會有斑點，必須留意（用於製作床柱的樹幹，比較重視木材表面的平滑度，所以會把枝座也砍掉）。最好是在樹木水分不流動的時期施行，但如果不會傷到樹幹，一整年都可進行。

如果要鋸高處的樹枝，可使用專用剪刀或梯子。在傾斜的山坡地上，可使用輕便的鋁製梯子，也可用杉木、檜木自行做把梯子。檜木的樹枝不容易折斷，所以也可把枯樹枝當成梯子，由

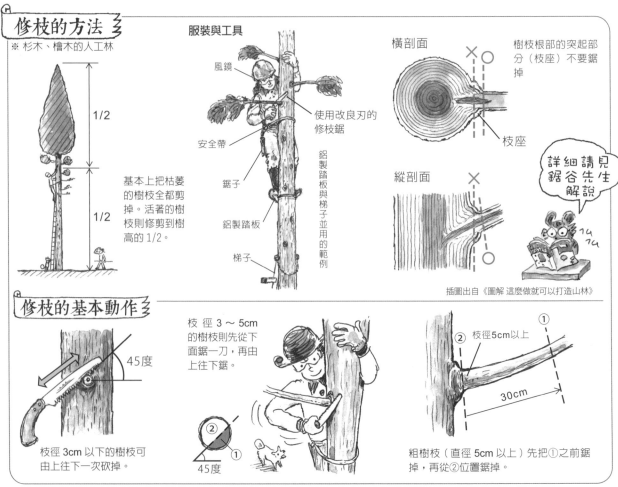

修枝的方法
※ 杉木、檜木的人工林

基本上把枯萎的樹枝全都剪掉。活著的樹枝則修剪到樹高的 1/2。

服裝與工具

風鏡
使用改良刃的修枝鋸
安全帶
鋸子
鋁製踏板
梯子
鋁製踏板與梯子並用的範例

橫剖面
樹枝根部的突起部分（枝座）不要鋸掉
枝座

縱剖面

詳細請見鋸谷先生解說

插圖出自《圖解 這麼做就可以打造山林》

修枝的基本動作

45度
枝徑 3cm 以下的樹枝可由上往下一次砍掉。

枝徑 3～5cm 的樹枝則先從下面鋸一刀，再由上往下鋸。
45度

枝徑 5cm 以上
30cm
粗樹枝（直徑 5cm 以上）先把①之前鋸掉，再從②位置鋸掉。

高處往下進行修枝（杉木很容易折斷，所以不可這麼做）。

2）**闊葉樹的修剪**……雖然修剪會被歸類到庭園管理的範疇，但里山生活中，自家土地裡有防風林，也有許多花草、果樹等散布在跟院子有點距離的地方，因此庭園草木跟自然生長草木間的界限也就變得曖昧模糊。若不每年修剪，樹木會愈長愈高或修剪得不好，之後長出來的枝葉便會錯綜交纏，不僅變得難看，也會影響樹木的健康狀態。

樹木的性質是，若從樹枝的根部整個剪掉，該部位就再也長不出新枝，但如果是從樹枝的一半剪斷，新的樹枝就會從切口再長出來，前者稱爲「疏除修剪」，後者稱爲「切枝修剪」，這兩種方式組合運用，選擇性剪除枝葉，一邊設定完成的想像圖，一邊進行修剪作業。理想的修剪成果是交錯的枝葉不多，通風良好，整體葉片都照得到日光。

3）**摘苗**……從根部把闊葉樹砍伐掉的情況下，將該切口長出來的萌芽枝（又稱爲「分蘗」）去除，就稱爲摘苗。里山的雜種樹林，每15年是

採伐 3 年後的麻櫟萌芽枝。剪除 2～3 根，夏天好好去除雜草以幫助它茁壯成長。

一個萌芽更新的循環，即便不種植新的植物，樹林依然會再生，並能夠循環利用，但絕不是採伐後就放置不理，到了夏天，必須除草，還要確保光線能夠照射到萌芽枝，以利其成長，等到萌芽枝成長到某個程度，若不摘除 2～3 株，就長不成大樹。麻櫟、枹櫟、山櫻等樹木的萌芽能力強，能夠作爲柴薪，也能作爲栽培菇類的原木，是非常有用的樹木，其就能以摘苗方式來栽培。

修剪的基本做法

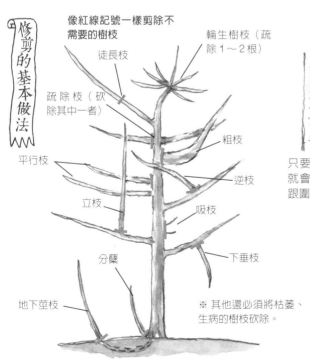

像紅線記號一樣剪除不需要的樹枝

徒長枝

輪生樹枝（疏除 1～2 根）

疏除枝（砍除其中一者）

粗枝

平行枝

逆枝

立枝

吸枝

分蘗

下垂枝

地下莖枝

※ 其他還必須將枯萎、生病的樹枝砍除。

只要不從樹枝的根部砍除，就會再冒出新芽。但防風林跟圍籬的修剪則屬例外。

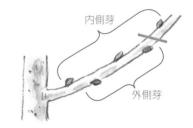

内側芽

外側芽

若想保留樹枝上的芽，就從外側芽（朝向主幹外側生長的芽）的上方將樹枝鋸斷，即會形成通風良好的樹枝分布（從距離新芽 5mm 左右的斜上方下刀）

※ **修剪時期**……植物休眠到開始生長前的這段時期最適合修剪。落葉樹為 12～2 月，常綠樹為 3 月左右（也有例外）。如果想要賞花或收穫樹木的果實，可等到開花、收穫後再進行修剪。以下做出簡單的歸納

1）會開花的樹木在花期過後，會結果的樹木在收成之後。
2）落葉樹在葉落後可進行大規模修剪。3）天冷容易使常綠樹受傷，因此應避免在嚴冬時期進行大規模修剪（3 月後較佳）。4）通常在冬季進行大規模修剪，其他時期只能進行小規模修剪。

12 伐倒木的處理（劈除枝葉、圓鋸）

砍斷樹莖

如果樹幹已傾倒，樹莖卻未斷掉，可從樹椿的兩側將樹莖砍斷。這時鋸子或鏈鋸的導桿容易被夾住，必須留意。觀察樹幹朝哪個方向傾倒，只要樹幹稍有晃動，就可把刀柄抽出來。也可使用楔子。使用刀刃的下刀，不要只用前端鋸，而是用中間的部分鋸，如此一來較容易往後抽出來。進行此動作時，砍樹莖的右側有可能會鋸到自己的左腳，這時可用另一隻手來操縱油門跟握把，即能避免此情況發生。

剪枝的訣竅

剪枝是將附著在樹幹上的樹枝從根部砍掉的作業，如果使用鏈鋸機來進行，很容易發生鏈鋸反彈情況，必須非常注意。對於樹幹筆直的針葉樹，使用鏈鋸機雖然可連續作業而加快速度，但若是不夠熟練，就會造成燃油的浪費。建議可用鏈鋸機來採伐樹幹，再以柴刀或斧頭剪枝。

下側的枝葉倒靠在地面時會有張力，因此不僅在劈砍時會夾住導桿，全都砍掉後，樹幹還有可能會滾動。可在上側的樹枝都劈除後，將樹幹翻過來，把下側的樹枝反轉到上側後再開始劈砍。

用柴刀或斧頭剪枝時，如果站在劈砍的那側，刀具有可能會碰到樹幹後，往自身方向反彈過來，或許會打到腳，因此最好是站在樹幹的另一側進行作業。

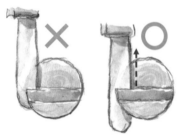

用導桿的中央部分鋸，就不會被樹幹夾住，可持續作業。鋸樹莖時，愈往內鋸，承受的重量愈大，因此導桿很容易被夾住，但只要像左圖一樣，使用下刃，邊往後拉邊鋸，就可鋸得很順暢。

在鋸樹莖時，往上提的鏈鋸有可能會鋸到自己的左腳，非常危險。這時換手操縱鏈鋸機會感到比較安心。

注意手的握法跟平常相反

反握能打開站姿，左腳在後。

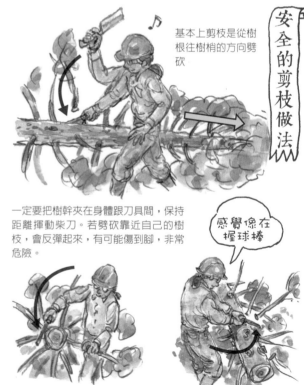

安全的剪枝做法

基本上剪枝是從樹根往樹梢的方向劈砍

一定要把樹幹夾在身體跟刀具間，保持距離揮動柴刀。若劈砍靠近自己的樹枝，會反彈起來，有可能傷到腳，非常危險。

感覺像在握球棒

用左手輔助，以揮球棒的姿勢，也是很安全的劈法。若有劈不到的樹枝，可翻轉樹幹改變它們的位置，或改用鋸子。

要把劈砍下來的樹枝進行加工時，必須先整理出一塊空間堆放樹枝。如果砍到哪兒堆到哪兒，最後會連站立的地方都沒有。

垂直圓鋸

「圓鋸」是將樹幹分解成容易使用的大小。市面上收售的標準尺寸是 3 或 4m，如果是自家使用的木材或柴薪，就可依照自己所需尺寸來分段鋸開，而且最好盡可能使切口呈直角。

如果要分解倒在地面的樹幹，導桿有可能會碰撞到地面的石塊，可用小塊樹幹之類的東西將樹幹墊高，再開始進行分解作業。先想好上下哪一側作為壓縮側，再以不會夾住鋸子或導桿的順序進行。樹幹直徑中或大的樹幹，一開始可先鋸出「匚字形」，導桿就不會被夾住了（下圖）。

▲分解小枝葉的基本姿勢　左手握住樹枝根部，柴刀順著樹幹往下滑動劈砍。

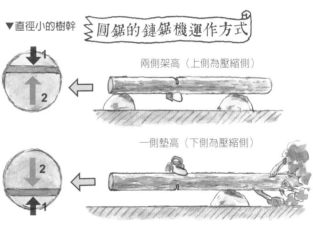

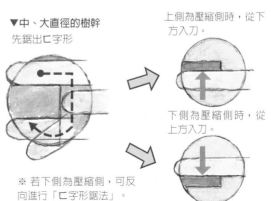

13 修剪高處的樹枝

服裝與裝備

　　住在山裡，住家周圍一定會有樹木，為維持與整理土地，一定得到高處修剪樹枝。

　　如果鋸的位置不高，只要架把梯子就鋸得到了，但若得爬到更高的地方去作業，就必須注意身體的姿勢跟動作。因為會有鑽過枝葉的動作，所以必須戴上帽子或包上頭巾，以防止頭髮勾到樹枝。口袋太大或下襬太寬鬆的服裝，也可能勾到樹枝，因此要穿著簡潔輕便的服裝，穿上

住宅樹林的意義
我住的地區是在住家附近種植黑櫟作為「防風林」。因為四周沒有競生的樹木，所以生長得很快，若沒有定期砍伐樹枝，樹枝就會掉到屋頂上，落葉跟果實則會堵住排雨管，不僅屋頂容易損壞，日照也不好。雖然如此，其好處是柴薪跟木材垂手可得。黑櫟木可做成工具的握把或刨刀的台座，還可做楔子，若不是太粗的櫟木，可做成柱子、木板或木臼。過去的人也是考慮到木材取得這一面，才會選擇這種需要經常修剪的樹木來種植。

日式橡膠鞋，把褲管塞進鞋子裡。如果可以，最好是穿上釘鞋。日式橡膠鞋的鞋底很軟，腳底可感覺到地形的微妙變化，很適合用於高處作業。

綁上安全帶

　　在進行這項作業時，以前稱為「綁上腰繩」，在腰部綁一條繩子，繩子另一端綁在樹上，以這種方式來進行作業。我們一開始是把攀岩用的 9mm 登山繩綁上「稱人結」，前端用「雙重八字結」綁上登山扣（與腰部的繩結距離約 1m），再帶著幾條吊繩（能夠承受摔落時加速度重量的繩索）爬到樹上，移動到作業位置時，將繩索用「牛結」綁在附近的樹枝上，再把登山扣扣上，開始進行作業。這時若把繩子拉緊，在作業進行中身體也會產生安定感，假使不慎摔落，也有繩索可支撐住。

　　若新購入一條安全繩索，最好搭配高處作業專用的「安全帶」。最近至先生給我一條「安全帶」，使用後真的覺得很安心。腰帶的繩結跟鉤子間的距離大約是 1.6m，鉤子比登山扣大，使用上也會比較順手。可把繩索繞在作業位置附近的粗樹枝上，再把鉤子鉤到繩索上。

　　無論如何，從梯子爬到作業位置時，腰上什麼都沒綁，移動到繩索之外的位置作業時，會先把登山扣拆掉，重新裝到另一個支撐點，這時也是沒有安全措施。當然可像攀岩一樣，一開始就在腰上綁條長繩子，如果在尋找支撐點時不慎摔落，一定有人會來救助，但這麼一來裝備就會變得很複雜，摔落時如果繩子勾到樹枝的話反而更危險。在高處作業時，首先要具備「絕對不讓自己摔落」的基礎體力（腕力、握力、腳力等），以及爬樹的技術，不要一開始就依賴那些登山裝備。

架上踏板

　　把堅固的角材或經太鼓製材的樹幹抬到樹上，架在樹枝間做成踏板，以便於作業進行。即

使只是5～6cm寬的角材,只要十字交岔疊起來,用繩子綁緊固定,就能作爲踏板使用。寬度比較小的木板,反而能夠穩定地安裝在樹枝凹陷處。一定要把踏板的角材或樹幹的某一端用繩子固定在樹枝上。

採用三點支撐來移動

為確保高處作業的安全,基本上必須與攀岩一樣,採用三點來支撐。無論是移動還是作業中,身體的某三個部分一定要接觸到樹木以支撐住身體。也就是說,如果兩腳踏在樹枝或踏板上,另一點,無論是手、肩膀或膝蓋都得接觸到樹木的某個部位,以讓身體保持安定。移動時(一腳舉起來),兩手都要抓住樹木。

在高處使用鏈鋸機作業

如果是直徑超過15cm的樹枝,用手工鋸子會非常費力,而且有時找不到適合的腳踏位置,就更不好施力。若使用鏈鋸機的話作業起來會更輕鬆。

在高處使用鏈鋸機時,首先要在樹下先啓動,等到熱氣運轉結束後(讓引擎空轉1～2分鐘),再把引擎關掉,將繩子綁在握把上。爬到作業位置後,再將鏈鋸機拉上來。若有幫手的

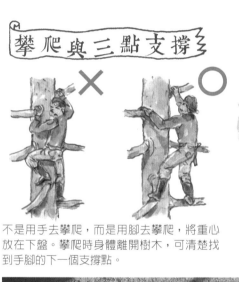

攀爬與三點支撐

× ○

不是用手去攀爬,而是用腳去攀爬,將重心放在下盤。攀爬時身體離開樹木,可清楚找到手腳的下一個支撐點。

鉤子

袋子

最基本的腰帶型安全帶。不使用鉤子時,可跟繩子一起收進小袋子。首先必須了解使用方法。在下列網站中(安全衛生資訊中心)可下載厚生勞動省「安全帶的正確使用方法」手冊。Http://www.jaish.gr.jp/information/mhlw/h181122.html

從梯子到作業位置是從手(無支撐點)攀爬移動

移動中必須有三個點接觸到樹木

使用鏈鋸機作業時,身體的一部分靠在樹幹上,就能夠形成三點支撐,會較安定。

話，可從樹上垂下繩子，讓幫手將繩子綁到鏈鋸機上，之後把繩子拆掉，採用「下拉啟動」（下圖）。

用鏈鋸機採伐時，勿把樹枝完全鋸掉，先將導桿抽出來，引擎關掉，把鏈鋸機掛在樹枝上（需準備專用掛鉤）。接著換成手工鋸把樹枝鋸掉。因為鏈鋸機必須兩手操作，所以一定會很不安定。用手工鋸則只需要使用一隻手，另隻手可抓住樹幹，樹枝掉落時身體才不會跟著搖晃。

樹枝落下時需注意

在鋸掉高處的粗樹枝前，首先要盡可能把

周圍的小樹枝都鋸掉。要先確認粗樹枝掉落時，會不會撞斷小樹枝，然後朝著自己飛過來呢？有無足夠空間讓它掉到地面上？可依據不同情況，在樹枝上綁上輔助繩，讓幫手從樹下拉。此時幫手必須確認閃避的位置。

若下方有屋頂、管線或不想要傷到的植物時，必須先把樹幹或角材鋪在上面。若不事先做好準備，一定會造成重大災害，之後的剪枝處理也會變得很麻煩。

在樹上把熱氣運轉結束後的鏈鋸機拉起來。即使踏板很小，也能大幅提升作業的方便性跟安全性。在樹上啟動鏈鋸機，可以採用下圖的下拉啟動

從左腰的位置往下拉。拉動手啟動拉繩。

下拉啟動鏈鋸機

這種啟動方式是利用鏈鋸機的機體重量，習慣後快又輕鬆。

※ 在正面下拉啟動鏈鋸機時，要小心不要傷到腳。

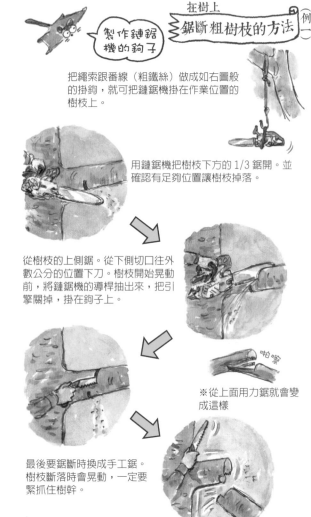

製作鏈鋸機的鉤子

在樹上 鋸斷粗樹枝的方法（例一）

把繩索跟番線（粗鐵絲）做成如右圖般的掛鉤，就可把鏈鋸機掛在作業位置的樹枝上。

用鏈鋸機把樹枝下方的 1/3 鋸開。並確認有足夠位置讓樹枝掉落。

從樹枝的上側鋸。從下側切口往外數公分的位置下刀。樹枝開始晃動前，將鏈鋸機的導桿抽出來，把引擎關掉，掛在鉤子上。

啪嚓

※從上面用力鋸就會變成這樣

最後要鋸斷時換成手工鋸。樹枝斷落時會晃動，一定要緊抓住樹幹。

14 人工搬運樹幹

用肩扛

　　採伐下來的樹幹，最簡單的方法是用肩扛。將樹幹的一端抬高，架到肩膀上，然後一邊移動位置尋找樹幹的重心。移動時，必須用靠近山坡那側的肩膀來扛樹幹。如此一來，跌倒時就不會被樹幹壓在下方。訣竅是扛著樹幹的重心位置保持平衡。兩個人一起扛時，一人站一邊，用兩隻手把樹幹抬起來搬運。

使用鐵矢搬運

　　如果是在斜坡上作業，可用鐵矢來拖拉、聚集木材。鐵矢是裝有鐵環的金屬製楔子，在鐵環上綁條繩子，用鐵鎚或手斧的背面把鐵矢敲進樹幹裡，就能拉動樹幹。出乎意料地，楔子不會容易鬆脫。在斜坡上作業時，只有在拉高樹幹時鐵矢會鬆脫。訣竅是一邊確認摩擦的感覺跟速度，一邊操縱繩索。

鐵矢
鶴嘴鋤
榻榻米邊緣的布條

可單手操作的鶴嘴鋤跟鐵矢，都是古時流傳下來的工具。在老工具店裡，可用幾百元買到鶴嘴鋤的頭；鐵矢則是在「廣瀨重光刀具店」購買的。愛知縣豐田市足助町西町 10 TEL 0565-62-0116 FAX 0565-62-0136 http://www.kajiyasan.com/

意外地不易鬆脫

可順暢的從樹木跟石塊間穿過

使用鶴嘴鋤

　　在整理儲木場的樹幹時，可用一把小的鶴嘴鋤來作業。只要把鶴嘴鋤敲進樹幹裡，就可拉動樹幹，既不會夾到指頭，腰也不會痛。

搬運柴薪（肩筐使用方法）

　　把要用來當成柴薪的樹幹劈成 50 ～ 60cm 長，利用繩子將它們成束綁起來搬運。因為繩子容易磨損，所以可用榻榻米邊緣的布條（整理榻榻米時廢棄的部分，可去榻榻米專賣店索取）替代（也可用在其他戶外、農事作業上）。可以用兩手一束束地搬運，也可利用肩筐來背。肩筐的外框採用杉木或檜木，背負的部分跟背帶是用麻繩、稻草繩或破布等製成。

▼固定背筐繩子的方法（例一）

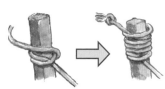

分成二束，疊為上下二層，背起來就不會蓬得很大，也可在中間用繩子綁住。

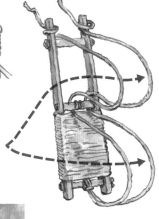

照片中右側是杉木製成的背筐，左側是鋁製的背架（袋子拆掉了）。後者附有腰帶，以將重量分散到可摺疊的底部與腰部。

15 把樹幹製成木材

製材前必須考慮的事情

　　樹木從根部到最前端的細小樹枝，全都可以拿來利用，不同種類的樹木其使用方法各有不同，理解它們的特性，並應用到里山生活當中，這就是令人感到最有趣的事情之一。

　　若想要把樹幹製成筆直的建材，作為柱子或屋樑，就必須將最下端靠近根部彎曲的部分鋸掉。彎曲的部分不只是纖維彎曲，乾燥時也很容易亂翹，但這部分又很大塊，若只拿來當成柴薪太可惜了。建議不妨拿來做成桌椅、雕刻成看板等。中等程度粗細的樹幹，則可做成楔，若是品質良好的木材（筆直且不扭曲的木材），可以截成適當的長度保存起來。

　　闊葉樹樹枝的Y字形部分可做成地爐的鉤子等（參照 p.130）。粗樹枝可製成各式各樣的手工藝材料。粗杉木與檜木樹枝的根部，有些會帶有紅芯，可拿來製成有趣的手工藝品。

用楔子剖開木頭，以手斧鑿出看板

　　將整根樹幹拿來使用，通常不會有什麼問題，但若想要使用的是木板，就會面臨到製材的問題。目前市面上有在販售利用鏈鋸機或圓型鋸製成的簡易製材機，但價格頗高，個人使用並不實惠。鏈鋸機型的製材鋸成果不好，不僅會產生大量鋸屑且噪音很大，還會消耗大量燃料跟潤滑油。

　　我推薦用楔子將木材剖開後製成木板。只

製作楔子

注意這裡

用樫木等硬質樹木的木材來製作木楔。可製作不同厚度的木楔（薄的木楔強度較高）。市售的金屬製楔子用久了頭部會變形，很容易因此而受傷，必須留意（可用磨床修整）。

樹枝與樹幹的活用方法

檜木的樹枝根部
鍋爐掛鉤
棉被撐子
叉子
湯匙
墜飾
厚木板
末端有很多活的樹節
柱材
工具握把
刀鞘
樹幹椅子
劈柴台座
燈座
神流工作室
根部的樹節很少
神流ハウ工
半圓柱狀的三腳長凳
鍋墊
木雕看板
中間可能有死掉的樹節

▼可用於剖開細長的樹幹

①

②

③

即使是布滿樹節的細長樹幹，也可以漂亮地剖成兩半。交互使用兩根楔子，訣竅是把第一根楔子打進樹芯裡。

要以木紋爲中心軸，即使是很長的木頭，也能漂亮地剖成兩半。剖成半圓形之後，就可用鋸子做出分段記號（20cm 一段），然後利用手斧跟鐵鎚劈開。由於樹幹上有纖維，因此無法一次劈很長一段。此做法可把一根樹幹製成兩片木板，最後再用手斧將兩側削平，木板即完成了。

楔子的材質可爲金屬製，也能自己用櫟木做。一開始將金屬楔子打進樹幹裡，開出一道小口後，再用木製的楔子。由於不是光用一個楔子就能把樹幹剖開，因此將第一個楔子打進去後，要接著打入第二個。這麼一來，第一個楔子就會鬆脫，再把鬆脫的楔子接著打進樹幹裡。

在削鑿木板時，可在下方墊塊不要的木塊，再將樹幹立在木塊上，用手斧削。削鑿的訣竅是一開始大膽下刀，等到鑿出水平木板時，就進入第二階段。也就是說，第一刀將木材削開，第二刀把毛刺削掉，以此節奏往下削鑿，手斧所鑿出來的刀痕也別具風情。當然您也能用刨刀將表面刨平。

▼將長樹幹剖半

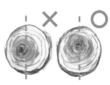

順著樹芯將楔子打進樹幹裡，接著用腳踩住樹幹，從側面將楔子打進去，既安全又好施力。

將第二根楔子打進第一根楔子打出來的裂縫中。若樹幹很長，就再準備一根粗楔子，打進後方的裂縫中。

杉木、檜木都能剖得開

MASA NOBU

將上圖加工木材製成書架的作者本人。利用刨刀把放書的那一面刨平，其他部分則保留手斧削鑿的痕跡。

▼將短杉木的樹幹製成厚木板

將樹幹立起來後把楔子打進去。先從樹芯將樹幹剖成兩半，再利用手斧把剖面削平。

用鋸子從另一側做記號，再用手斧對著切口以鐵鎚敲打。因為不是順著樹芯，所以無法剖得很平整（且還會卡到樹節）。

每20cm 一段。以目測用手斧把兩面削平（目測對角線位置，將扭轉的部分也削平）。若是短木材，立起來會更好作業。

削鑿作業時會產生大量小木片，可把它們用在地爐或是爐竈裡。這種小木片乾得很快，所以利於生火，搭配粗的柴薪使用就能加強火力，非常方便。相較於不適合作為燃料的鋸屑而言，對照更加明顯。

製作木材的工具們。用橫手斧將剩餘的木材劈成爐竈用的柴薪。雖然橫手斧沒有刀刃，但最適合用來劈杉木跟檜木。

横手斧

鋸子

鐵鎚

手斧

若是長木材，就把它倒放，鑿痕也別具風味。

◄用疏伐材做成的浴缸蓋子
即使是疏伐材，也能精巧加工。利用手斧削鑿的痕跡，形成優美的波浪紋路，且容易乾燥，不易生苔。也可利用電動刨刀修整表面，但只要用放大鏡看，會發現上頭有很多毛刺，若不上漆就容易生苔。

削鑿與分解作業

用大拇指壓住固定

不會傷到手的握法

把大拇指伸出來

用手斧削鑿

用橫手斧分解木材

在廚房角落製作一個放調味料的架子。沒有夠寬的木板，因此將三片組合起來做成底板。

16 柴薪製造與枝葉的利用

劈柴、乾燥與保存方法

　　經過半年以上乾燥的柴薪最為理想。放在露天的戶外會被雨淋濕，因此搭建一間小屋堆放柴薪（搭在能接受日照且通風良好的地方）。屋簷太高的話風雪會吹進來而打濕柴薪，因此可在屋頂蓋上鐵皮，再以石頭壓住。

　　愈粗的柴薪，乾燥就愈花時間。將粗柴薪劈成兩半或四半，會較容易乾燥。若是枯萎的樹枝，在晴天擺上 2 ～ 3 天就會乾燥，新鮮的小樹

用浪板把三個面蓋住，壓上廢材，再用繩子綑綁固定。

不會崩塌的井桁堆砌法。

用角材架起外框，蓋上浪板再以石塊壓住。

枝則大約要 1 ～ 3 個月，若是直徑 6 ～ 7cm 以上的柴薪，就算剖半也需花上半年以上的乾燥期間。里山生活中，必須常備 1 ～ 2 年份的柴薪，且要從老柴薪開始使用。若是檜木等樹脂（焦油）較多的木材，在劈開被雨淋過後，因為焦油跟木灰都被沖走了，擺一段時間（2 ～ 3 個月），比較容易乾燥。

　　山村裡昆蟲很多，所以無法避免柴薪被蟲蛀。曾經發生擺置 2 ～ 3 年的堅硬闊葉樹柴薪，內部被蛀得疏鬆不堪。如此一來，能作為柴薪的木材剩不到一半。

　　基本上，活著的立木並不會受到穿孔性害蟲（天牛、象鼻蟲等甲蟲）蛀食。即使在樹皮中產卵，若是健康的樹木，會從傷口滲出焦油以阻礙幼蟲成長，但衰弱的樹木或採伐下來的樹木並無此能力，導致蟲蛀情況會愈來愈嚴重。不過昆蟲在秋到冬季間並不會活動，因此在這段期間進行採伐，能夠防止蟲蛀。但到了隔年夏天的昆蟲活動期，牠們會到柴薪堆積場來產卵，此時就必須以網子蓋住柴薪。

　　將杉木、檜木等作為建材或手工藝材料保存時，把樹皮剝除能夠有效防止蟲蛀。櫟木的樹皮不易剝除，則可存放在地爐或爐竈等煙燻得到的地方來防止蟲害。

採伐下來經過一個月後的麻櫟，樹汁已從樹樁流出來。經過兩個夏天後，用鋸子把柴薪鋸開，竟然都是蟲的蛀洞，像蓮藕一樣！用鐵鎚把柴薪敲開，將裡頭的天牛幼蟲抓出來，以平底鍋加熱吃吃看。口感像花生，味道還不錯。像啄木鳥一樣…

綠啄木鳥

細枝葉用作堆肥

將闊葉樹枯萎的細樹枝堆放在戶外，葉子就會自行脫落。接著將能當作柴薪的樹枝取出，剩下的枝葉就能拿來堆肥。想要加快堆肥的分解速度，就必須保持空氣流通，而樹枝恰巧可用來營造空氣流通的空間，最後再將廚餘跟割下來的雜草混進來。

搭建屋頂可遮蔽風雨，偶爾灑點水調整水分。用鏟子翻攪能加速分解，但這項作業非常耗費體力。此作業持續一年左右，堆肥就完成了。

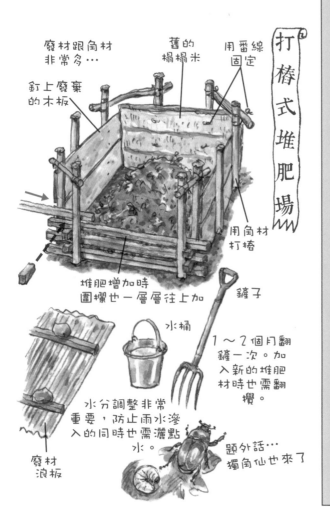

打樁式堆肥場

廢材跟角材非常多…

舊的榻榻米

用番線固定

釘上廢棄的木板

用角材打樁

堆肥增加時圍欄也一層層往上加

鏟子

水桶

1～2個月翻鏟一次。加入新的堆肥材時也需翻攪。

水分調整非常重要，防止雨水滲入的同時也需灑點水。

廢材浪板

題外話…獨角仙也來了

因除草而重新萌芽的植物們

有很多人一移居到鄉下或山村，就開始養雞或羊等家禽家畜。雖然我也很喜歡動物，但在我剛搬來的前幾年，為了觀察四周的植物們，決定暫時先不飼養動物。

在高溫潮濕的日本山裡，植物生長繁盛，種類也很豐富。而在人口高度密集的日本，雖然山村被視為是人口稀少的地區，但也是人們為了維生而經營數百年以上的地方。也就是說，有很多植物是人為帶進山裡，也許它們正潛伏在土地中，等待重新成長的機會到來。

手工除草時，只要觀察地面，就能察覺到那樣的徵兆。對我來說，蓮座形植物或新芽是既特殊又美好的「特別的存在」，只要發現它們，我就會將周遭的雜草除掉，試著培育這株新芽（山百合、九輪草、山葵、款冬、鴨兒芹），讓那些被藤蔓植物覆蓋的灌木植物復甦，也是件令人開心的事（茶樹、果樹類）。呈球根躲在土裡的百合科植物，只要經過除草整理後，就會不斷地生長出來。

如果發現大狼把草與刺果瓜等外來種植物，必須立刻剷除它們（在結實之前將它們連根拔除），若是能夠長出漂亮的花朵、能夠食用的植物，就好好地栽培。經過數年之後，土地生長著四季植物，這時就可採集種子、分株栽植，讓植物愈來愈豐富。從此開始著手新的園藝也不嫌晚。要記住，日本的山村，就算不刻意去種植，也能夠讓庭園裡百花盛開。

自然成長出來的豬牙花與側金盞花。

第2章
砌石與打造基地

重建石牆的方法與實際情況

山村中被棄耕的土地上,有很多倒塌的石牆。土地經營最重要的,就是不要動到土壤。因此修補石牆與水的引流方式就非常重要。搭建石牆不僅可把原本擋路的石頭用來擋土,也能打造出新的空間。本章將介紹關於堆砌石牆的各種方式、必要工具,以及完成後的維護等。

洗東西的場所

(沖繩)

1 石牆的種類與功能

日本風土所孕育出的石牆

生活在多斜坡的山村裡，爲確保與維持耕地跟住宅的土地，必須搭建石牆來擋土，自古以來，日本各地都有各種使用天然石搭建的堅固石牆。就機能上來看，除作爲擋土牆，另一方面，也能當作擋風或劃分土地範圍用的圍籬，此種使用方式，常見於多受颱風侵害的沿海地區。

由於日本屬於火山地形，因此有很多石頭。在整理土地時，雖然會覺得處理石頭很麻煩，但若把它們搭建成石牆，就能將它們全都聚集整理到一個地方。如同右頁下側的圖片一樣，不僅平地增加，土地也變得井然有序，除草等土地的維護也會變得更爲輕鬆。

石牆也有許多種類，像是用於堆砌城牆的「切石」，還有明治時代後，隨著道路與鐵路發達，而發展出切割固定規格的「間知石」技術。現在，擋土牆大多使用混凝土製成，堆砌石牆技術正逐漸消失。

此外，現今的公共土木工程或住宅建築工程，也不允許乾砌，就算使用了天然石，也會在內部灌入混凝土填充，稱爲「漿砌」。之所以會產生這種現狀，乃由於職人的技巧不同，「乾砌石牆」的堆砌方式與強度也有所差異，且石塊大

轉角的「算木積堆砌法」是以野石堆成的擋土牆（靜岡縣安倍川流域）

愛媛縣佐田岬海岸旁小屋的擋風石牆。使用的是能夠順著肌理平行剖開的綠色片岩，爲「平積法」的實例。

加工成龜甲形石塊所堆砌成石牆（富山縣八尾町）

間知石

以花崗岩作爲間知石所堆砌成的擋土石牆（茨城縣水戶市）

穴太堆砌法。當地爲石牆的發祥地。基本上是使用表面經過處理的野石，以「平積法」堆砌（滋賀縣大津市坂本）。

河床以「谷積法（亂積法）」堆砌成的石牆。西日本的梯田大多以這種石牆作爲擋土牆（愛媛縣土居町）。

小都不一樣，因此無法進行精密的構造計算。

石牆的優秀機能

一走進村裡，處處可見年分古老的石牆。許多數百年來不曾崩塌的石牆，保衛著房屋、田地與梯田。以往的乾砌石牆能夠排水引流，石塊間相互咬合補強，耐震。當部分崩塌時也很容易修補。

相較之下，漿砌石牆的排水管容易堵塞，地基下沉或地震時，很容易產生龜裂狀況。在颱風時，若承受不了含水土壤的壓力，空心磚會整片倒塌。這種情況下無法進行部分的修補，只能重新搭蓋。

此外，混凝土或上了砂漿的擋土牆很快就會髒掉，但充滿構造之美的石牆，其風味會隨著時間而增加，並使周遭景觀更加優美，且石塊間會有各種動、植物棲息，是利於自然環境的功能。

如果可以的話，最好自己動手修補崩塌的石牆。不論是考量經濟上或外觀上的問題，也算是為了未來著想。只要具備搬動石塊的體力跟一些工具，就能搭建石牆。雖然會耗費時間跟勞力，但只要了解其構造與要點，就知道該如何堆砌石牆。過去住在山村的居民們，也都這樣靠自己的力量努力過來。

▼幫忙修補村落裡的石牆（野石、谷積）

因大雨而崩塌的石牆，在至先生幫忙下修補完成。崩塌原因為填裡石不足而導致排水不良。

重建石牆時，最耗費體力的不是堆砌石塊，而是搬運石塊與土壤。

石牆有兩種類型

防風石牆

擋土石牆

打造出土地的石牆

埋有滾落石塊（埋進土裡）的斜面不僅難以耕作，也不易建造房屋。埋有石塊的草地，不易進行除草作業。

可說是用最小的石頭搭建而成的石牆。填裡石不足的地方，從別的地方搬過來填補。這種規模的石牆填補，兩個人花上半天左右的時間就能完成。

石牆能打造出平坦的土地，還能將石塊聚集到一處，不僅管理方便，還能打造出土地。

2 構造與擋土原理

擋土牆的構造

接下來介紹的，主要是使用天然石來堆砌擋土石牆（也能將此工法應用到擋風石牆）。

作為擋土的石牆，是以石塊本身的重量來擋住土壤，將石塊堆疊起來，以讓石牆具有一整面的擋土功能。從正面看，排在最下層打基礎的稱為「礎石」，接著將石塊往上堆疊。下層的石塊比較大，愈上方的石塊愈小。因為把大石頭搬到上面是件辛苦的作業，所以自然而然會形成這種狀況，但有時最頂端是大塊且平坦的石塊。若

是有稜角的石塊則容易鬆動，只要把頂端固定住，石牆上能夠應用的土地也就更寬廣。

石塊的形狀與填裡石

有些石牆從正面看，好像是用小塊石頭堆砌而成，但挖出來一看，通常會是很長的石塊。突出於石牆的部分稱為「表面」，深入泥土的部分則是「控面」，所使用的石頭，最好是控面比表面長 1.5 倍以上的石頭。此外，石塊的角度要朝向內側往下傾斜（山坡地那側）。這就是石塊不會崩塌的祕訣之一。

各地的野石（天然石）都不同，有的會直接拿來使用，有的則會加工成容易堆砌的形狀。

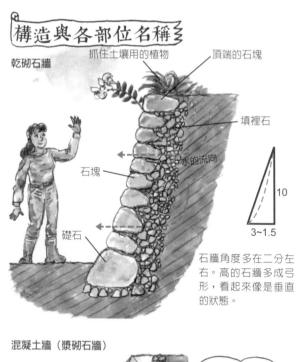

構造與各部位名稱

乾砌石牆

抓住土壤用的植物　頂端的石塊　填裡石　水的流向　石塊　礎石

石牆角度多在二分左右。高的石牆多成弓形，看起來像是垂直的狀態。

10 / 3~1.5

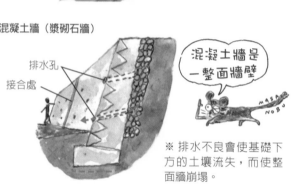

混凝土牆（漿砌石牆）

排水孔　接合處

混凝土牆是一整面牆壁

※ 排水不良會使基礎下方的土壤流失，而使整面牆崩塌。

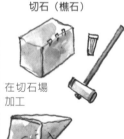

石塊的種類與形狀

野石（天然石）

常見於山中的多角形石塊

常見於河床上的卵石（圓石）

能夠順著肌理剖開的石塊

切石（樵石）

在切石場加工

將間知石加工為更便於使用的形狀（p.56 中間照片）

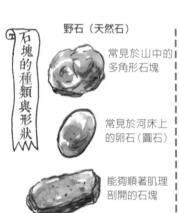

控面　表面

突出於石牆的部分稱為「表面」，深入泥土的部分則是「控面」，所使用的石頭，最好是控面較長的石塊。

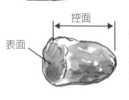

應該沒有人用這種方法砌磚牆吧

堆砌方式

平積

將平整的石塊一列列交錯堆砌的方法

谷積

石塊保持斜角，形成山谷狀的堆砌方式。

※ 平積的石塊形狀有所限制，谷積則不限。

接著，要在石牆內側填入大量小石頭，稱為「填裡石」。雖然從外側看不見這些小石頭，但它們能夠作為與坡地的緩衝，使外側石牆更穩固，而填裡石之間的縫隙，能夠排除雨水與浸透水。如果這個部分改用土壤取代，就無法排水了。因為含水土壤的壓力會使石塊鬆動，讓石牆容易倒塌，甚至有「石牆必須靠填裡石來維持」的說法，強調填裡石的重要性。

堆砌石牆的方法

堆砌石牆可大致分為「平積」與「谷積」兩種類型。平積是像在堆磚牆的方式，將方整的石塊交錯堆放，又稱為「布積」。谷積則是斜斜堆放石塊，又稱為「亂積」。如果石塊大小相同，就會產生出一定的規律，這種方式稱為「箭羽堆疊法」。堆砌的方式也取決於所選用的材料。

多為石造建築的西洋建築物，由於其建築物與地基為連續狀態，所以幾乎都是使用「平積」的石牆，日本則多為木造建築，所以石牆是獨立發展演變，為了保護多驟雨的斜坡，「谷積」也非常發達。觀察日本全國的山地，谷積的石牆較多，是由於使用這種方法時，石塊的形狀不受拘泥，強度也較佳。

用河床上的圓形石塊像磚塊一樣堆砌的方法稱為「平積」（愛媛縣土居町，同右邊照片）。

用圓形石塊規律堆砌的石牆，是「谷積」的例子，此形狀也稱「箭羽堆疊法」。

城牆多用切石堆砌而成

谷積

平積

下層為平積、上層為谷積的風牆。愛媛縣佐田岬。住宅在石牆內側。

用切石以「亂積法」堆砌而成的石牆（香川縣高松市）

切石石牆，連曲面都精巧地接合（岡山縣閑谷學校）

3 必要的工具與服裝

搬動土與石塊的工具

在堆砌石牆前必須先挖土，接著將挖出來的土搬走，闢出一塊作業空間。若要修補石牆，就從挖出來的土當中挑選出要用來堆砌的石塊還有填裡石。這時，鶴嘴鋤就能大顯身手了。另外，還需準備尖頭跟平口兩種鏟子。

若石頭太大塊，無法用鶴嘴鋤搬動時，可用槓桿來移動。此時需要用到的是堅硬的角材，或是杉木、檜木等疏伐材的樹幹。這些樹幹也可做成搬動大石的滾木。

搬運土或小石頭時，可用家居生活館販售的塑膠製畚箕。過去會用木材自製方形的搬運箱。在開始堆砌後，還會使用到鐵撬來調整石塊位置。

石塊加工所使用的工具

市面上有販售專門用來剖開石頭的鎚子，但修補石牆用的是已經堆積好的石塊，所以應該無需用到那種鎚子。然而偶爾會遇到需將稍微突出來的部分敲斷之狀況，因此最好準備鐵鎚，以用來敲破空心磚約一公斤重的鐵鎚即可（也可用來把堆砌好的石牆敲緊）。此外，再準備好數種削鑿用的鑿子，會更有利於作業的進行。若不是

準備尖頭跟平口兩種鏟子，用在不同地方。挖掘石頭時，鶴嘴鋤能充分發揮功效，為土木工程中不可或缺的工具。

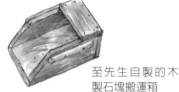

用塑膠製的畚箕搬運填裡石跟土。

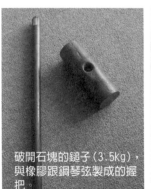

至先生自製的木製石塊搬運箱

由左而右依序為鑿刀、鐵鎚、護目鏡、鐵撬。

破開（削鑿）石塊的工具▶
聽至先生說，以前需要使用大量石塊時，會以專用鎚子來剖開（削鑿）石塊，每次作業時都要使用木炭跟風箱把鎚頭冶煉成尖銳的形狀。現在的專家們則多使用 Tungaloy Corporation 公司所生產的超硬合金製鎚子（高價）（以磨床修整鎚頭）。鎚子的握把多使用茱萸、冬青、石楠等善於吸收衝擊力的木材製成，現在還有一種以橡膠包覆住鋼琴線所製成的特殊素材（照片右）。此外，也可用金屬製的鑿釘（芹形鑿釘），或是用火燒來破開石塊。關於剖開石塊的方法，詳見《推砌石牆 ── 職人所寫的書／實踐方法篇》。佐藤武著，（東京新聞出版局 1999）。

破開石塊的鎚子（3.5kg），與橡膠跟鋼琴弦製成的握把。

Tungaloy Corporation 公司所生產的石工工具

西谷商店／香川縣高松市牟禮町牟禮 2760-6 TEL 087-845-2333 FAX 087-845-6393 http://www.nishitani-de.net/

很大型的作業，可用空心磚用的小型鑿刀替代（前頁照片）。使用鑿刀時，需配戴護目鏡以保護眼睛。

踏台與水線

若是堆砌超過 1.5m 的石牆，事先組裝好踏台，作業起來會更方便。需要的工具有裝在支點上的異形鋼筋數根，以及安裝在鋼筋上的踏台板。也可用不要的金屬管（瓦斯管等）或角材，在家居生活館等賣場，有販售名為「ikeimarukou」的異形鋼筋。直徑 D=16mm，長 L=910mm，一根大約 300 日圓。

另外還需有測量石牆是否呈水平的工具，像是分水用的水線，以及固定水線的木板、釘子等。

服裝

布製厚手套一下子就磨破了，所以必須戴橡膠手套。一定要穿長袖，再加上護腕就更完備了。搬動較重的石頭時，手腕整體都會磨擦到，這時就會磨擦到袖子。

在泥地上，穿日式橡膠鞋比長靴合適，若是釘鞋就更不會滑倒。因為有落石的危險，所以必須準備帽子。堆砌高石牆時，必須準備安全帽。

分水用的小幅板

踏台

堆砌較高的石牆時，必須用到踏台。

戶外作業時，用來測量直線與高度的分水用水線。尼龍製，在家居生活館等賣場都有販售。

作為支點的石塊

疏伐材的樹幹作為滾木，角材作為槓桿。在移動大石塊時，於下方墊一塊小的角材，作業起來會更方便。

把異形鋼筋釘到石牆的縫隙裡，支撐住踏台板。

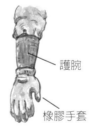

護腕

橡膠手套

破開石塊的基本做法

用矢破開石塊時，把矢抵在石塊正中央就能垂直破開，若把矢抵在石塊的某一側，剖面就會歪掉。

用鐵鎚敲開石塊。把握柄立起來敲，敲的深度就會比較淺，敲下來的石塊比較小；把握柄打平敲，則能敲得比較深，敲下較大石塊。若石塊有明顯肌理，就要順著肌理敲。

用剖開的卵石堆砌而成的石牆（靜岡縣久能）。過去在高知，會把浸潤過鯨魚脂肪的繩子綁在石塊中央，然後點火燃燒，以破開石塊。

4 再生石牆的作業順序

處理灌木與搬動土壤

要堆砌一面新的石牆前，必須先備妥大量石塊。若是在山裡，從地面就可挖出很多石塊（河床跟池塘是石塊的寶庫，但大量挖取前必須先獲得許可）。但實際上大多是再生石牆，所以在此介紹再生石牆的程序與做法。

崩塌的石牆大多被泥土覆蓋而歪斜，由於長年棄置而使雜草灌木繁生。先把這植物拔掉或砍掉，最好是連根一起拔除。其中若有能夠抓住土壤的植物，就另外存放。在我居住的地區，會在石牆頂部種植百合科的麥多以抓住土壤，修補石牆時會經常用到它。

整理完雜草、灌木後，就可從中段附近的土挖開，將石塊挖出來。在挖掘過程中，上段的石牆可能會崩塌，所以用鶴嘴鋤來挖，一邊確保支撐石牆的土壤，一邊進行挖掘作業。

聚集與搬運石塊的方法

埋在土壤中的石塊，必須用鶴嘴鋤的尖頭那端，利用槓桿作用將石塊挖起來，移動它。挖出來後，大石塊用滾的，小石塊就用扔的，將它們集中起來。若是更大的石塊，就以槓桿挖，再用滾木移動它。如同右圖一樣，把這些石塊分成大塊、堆砌石牆用，以及小塊、填裡石用。挖出來的土也另外堆成一堆。祕訣是將這些石塊與土

搬運特大塊石頭

無論多大的石頭只要有一個點就能滾動。

挖掘石頭周圍的土壤

以槓桿移動

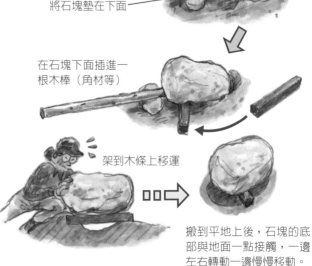

將石塊墊在下面

在石塊下面插進一根木棒（角材等）

架到木條上移運

搬到平地上後，石塊的底部與地面一點接觸，一邊左右轉動一邊慢慢移動。

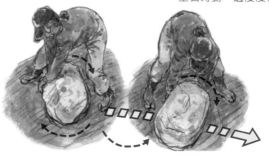

▶把樹根斬斷

樹樁不易連根拔起，只能盡量往下開挖，然後用手斧把樹根斬斷。

▶將石塊挖出搬走

用鶴嘴鋤把大石塊挖出來，藉由滾動以移動石塊。若是小石塊，用丟的會比較省時間。

草木繁茂生長的石牆崩壞地區。一邊用鶴嘴鋤挖出石塊，一邊挖出斜坡上的土。

考慮到原本的石牆位置以及石塊長度，挖出適合的深度。

終於挖到礎石的位置。這時必須開始騰出充分的作業空間。

壤依照堆砌的順序來分類堆放。堆砌石牆時，最先用到的是大石塊，所以將大石塊堆放在前面。若把土或小石塊堆在前面，作業起來就會很不方便。

要挖到何種程度？

接下來，要挖得多深呢？答案是「挖出堆砌石塊之前的斜坡」。思考到預設的石牆位置與傾斜度，以及堆砌的石塊與內部的石塊長度，只要挖到跟它們一樣深的位置就可停下來。若左右兩側的石牆還保留著，就能參考它們的深度來思考實際上需要挖掘的深度。此外，若挖到山坡地（土壤呈「層狀」，硬度也不同），就要立刻停下來。往下則是挖到礎石的位置。即使石牆崩塌了，底部的礎石通常都會不動地保留下來，那就是往下挖的標的。如果礎石移位了，就必須挖得更深，以埋入新的礎石。

無論是搭建新石牆，還是再生崩塌的石牆，比「堆砌石塊」還要費力的是「搬動石塊跟土

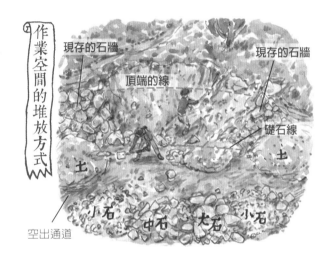

作業空間的堆放方式

現存的石牆　現存的石牆
頂端的線
礎石線
土
土
小石　中石　大石　小石
空出通道

壤」，必須抱持著這樣的覺悟。因此，若懂得善用鶴嘴鋤、鏟子、槓桿等工具，作業起來會更省力。另外，如果遇到雨天，不僅石塊溼滑且土壤因吸水而變重，作業就會中斷。若連日下雨，最好在工地覆蓋藍色塑膠布以保護作業現場。而為了避免現場積水，必須盡量避免形成水窪，以利排水。

分類使用工具

(鶴嘴鋤)
①先把石塊挖出來
②再把混在石塊裡的土挖起來
然後將石塊往後扔

用(圓形鏟子)把挖出來的土鏟走
此處捲起來的鏟子（較好施力）

再用(方形鏟子)搬動土壤
容量較大，適合用來移動土壤，但若土裡有石塊，就鏟不進去了。

5 用分水來拉出直線

用水線調整石塊表面的位置

堆砌石牆前，必須先用「分水」來決定完成後的位置與石牆的傾斜角度。

首先在作業現場兩端的地面上，各打上一條角材，接著把小幅板以完成後石牆的傾斜角度，釘在角材上。傾斜角度可以目測現存的石牆，若是新搭建的石牆，就可觀察部落中現存石牆來決定角度（通常是兩分）。用「鉛錘」測量小幅板所形成的角度。

接下來，在兩根小幅板間拉出水線，以這條線為基準來堆砌石牆。石牆堆得愈高，水線也必須跟著往上拉。

因為野石的表面並不相同，所以要讓石牆表面看起來平整，就要先行「分水」這步驟，以石頭的前端為基準，就能堆得很整齊。完成後的石牆看起來整齊，就能帶給人堅固的印象。（可參考下圖③來決定該如何處理突出的石塊表面）

若想要讓石塊表面呈曲面，可在該處打入數根角材，然後拉起水線，就能順著水線堆起曲面的石牆。

用兩條水線來調整垂直方向

石牆表面的石塊是否平整也是非常重要。不佳的情況是像肚子凸起來般，石牆的中間突出來，則無法承受土壤壓力，反倒是有點凹進去的石牆比較好。城郭的石牆大多有點往內凹，一來是為了防止外敵入侵，二來是與拱的原理相同，能夠耐土重壓。

堆砌高的石牆時，可拉出兩條水線，最好是能夠看到垂直方向的直線。兩條水線間隔50cm左右，從上往下看，兩條線必須重合，順著這條線來堆砌石塊。

石頭疊起來後，下方的石頭就動不了。為避免在完工時後悔，可用鶴嘴鋤或鐵鎚等工具，謹慎地微調石頭的位置邊往上堆。

①順著現存石牆的傾斜度，把小幅板釘到角材上。接著平行拉出兩條水線，製造出基準面。

②固定好礎石，順著水線謹慎地把石塊固定住，用鐵撬進行微調。

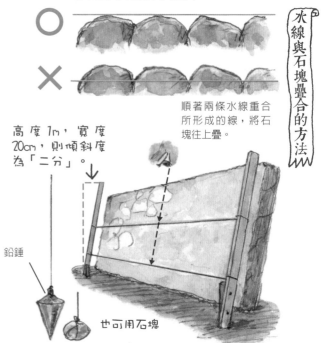

③水線與石塊的表面疊合

水線與石塊疊合的方法

順著兩條水線重合所形成的線，將石塊往上疊。

高度1m，寬度20cm，則傾斜度為「二分」。

鉛錘

也可用石塊

6 石塊的挑選與堆砌方法

挑選容易堆砌的石塊

用來堆砌石牆的石塊，控面在 25 ～ 30cm 以上是最為理想。20cm 以下的石塊可分類到填裡石用的石堆裡。石塊的形狀最好是長方形、薤形或平扁形，邊挑選邊注意控面的長度，更利於表面的調整與堆砌。最不好堆砌的是球狀石塊。如果是有稜角的石塊跟卵石，這兩者相較下是有稜角的石塊較好堆砌。卵石的接觸點容易滑脫，表面也比較不容易平整排列，但可以把卵石剖半使用，以使石牆的表面平整，或在內部灌入砂漿，形成一體成型的混凝土擋土牆（此做法必須保留用於安裝排水管的孔洞以利排水）。

固定礎石

如果礎石不穩固，就需立刻重新固定礎石。必須使用最大的石塊來作為礎石。若建造石牆的地面很平整，就不需要將礎石埋得太深，若是建在斜坡上，就必須往下挖出能夠覆蓋住固定礎石的地面深度。用樹幹等工具徹底壓實地面後，再開始固定礎石，也可先鋪上碎石。

利用大石塊

「控面的長度必須大於表面的長度」才是正確的堆砌方式，若是大石塊，且能夠穩穩固定住的話，那也可以把控面轉到表面，打橫固定。石牆愈高，下方石塊所承受的壓力就愈大，所以需要控面（深度長）的石塊，若是高 2m 左右的石牆，控面最好在 40cm 左右，如果是 1.5m 高的石牆，控面 30cm 左右就夠了。此外，考慮到堆砌在上面石塊的穩定性，「內部往內斜插」與「填入填裡石」都是絕對必須的條件。

重量大的石塊有其價值。使用大石塊所堆砌而成的石牆不易崩塌，因為石塊本身的重量就能承受土壤的壓力。此外，石塊本身的體積，也能夠擴充石牆的高度與面積，不需考慮到「很重

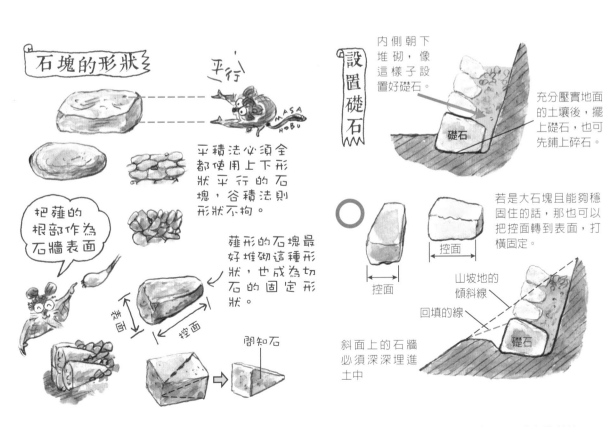

石塊的形狀

平行

平積法必須全都使用上下形狀平行的石塊，谷積法則形狀不拘。

把薤的根部作為石牆表面

薤形的石塊最好堆砌這種形狀，也成為切石的固定形狀。

表面

控面

間知石

設置礎石

內側朝下堆砌，像這樣子設置好礎石。

充分壓實地面的土壤後，擺上礎石，也可先鋪上碎石。

礎石

控面

控面

若是大石塊且能夠穩固住的話，那也可以把控面轉到表面，打橫固定。

山坡地的傾斜線

回填的線

礎石

斜面上的石牆必須深深埋進土中

很難搬動」的問題，把大石塊盡可能用在較低的位置（石塊愈重愈不容易堆砌在高處）。善用槓桿等工具，只要抓到訣竅，出乎意料地很好搬運。

三點固定法是最基本的堆砌方法

在礎石的上方，從下往上、由大到小一層一層往上堆砌。若先把某側往上堆高，會使底部的石塊移動，並不是理想的做法。

每堆好一層，就要在內側填入填裡石，填滿石牆跟土壤間的空隙。從上方用棒子把小石塊緊密地搗實，然後再繼續往上堆砌。最好學會使用谷積法來堆砌。必須保持每個石塊都能確實咬合，一邊往上堆，一邊製造出下個石塊所需的凹陷處。

形狀不定的野石，很難整個面都能咬合。無

滾不動的大石塊可利用槓桿把石塊抬高、移動。

論如何都會以點狀接觸，不過也因而產生了空間而利於排水，但難以美觀且穩穩固定。希望能夠盡可能保持石牆表面的平整，但若忽視了力學，石牆就會崩塌。以下三點是必須遵守的法則。

1）石塊的表面長度必須大於控面（深度）長度（特大石塊例外）

2）石塊的內側必須往下斜放

3）石塊必須以三點固定

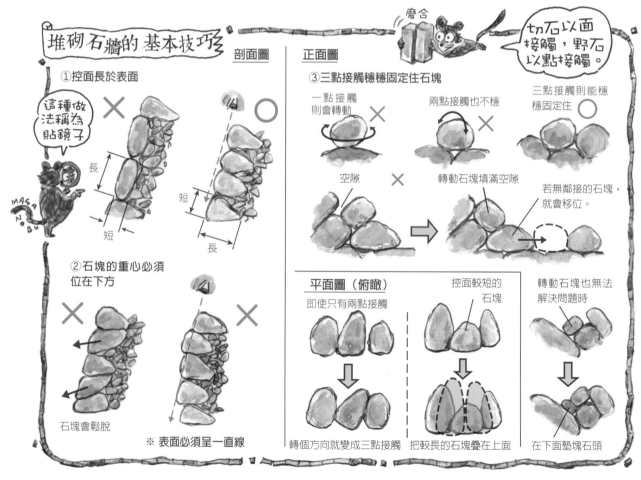

A石與鄰接的石塊只有兩點接觸而產生空隙的例子。轉動石塊找到第三點或換一塊石頭。在空隙中插入小石塊並非最佳的解決方式，因為小石塊重量輕而容易鬆動，並不適合用來當作堆砌用的石塊。

最後A移到隔壁去。換D來取得每個石塊的三點接觸固定。

三點固定，石塊就會非常穩固。在原理上，石塊以三點固定住，而這三個點必須盡可能與鄰接的石塊接觸。在移動過程中，與鄰接的石塊接觸，最後一定能找到一個可穩穩咬合的位置。假使只有兩點固定，也能以內側的填裡石（飼石）來形成固定的第三點，但最好是能接觸到三塊鄰接的石塊，而且不僅是表面的接觸，也可以在內側產生接觸點。一邊轉動石塊，一邊尋找那三個接觸點。

遵循上述三點後，最好還要考慮到

4）表面平整且美觀

上手後，只要看到石塊，就知道哪個面該用來作為表面。從兩到三塊石塊中，尋找能夠完整填滿該空間的石塊。接著邊轉動石塊邊尋找最佳角度。這時還要記得，石塊表面

必須跟分水用的水線重合（參照 p.64）。若石塊很大，可用鐵撬進行微調。另外，若石塊突出來，可先用鐵鎚把突出來的部分敲掉，再重新把石塊堆上去。

有時雖然將石塊穩穩地固定住了，從正面看卻有很大的空隙，這時可找一塊形狀適當的小石塊，插進該空隙裡（下圖）。這個作業也可以在整面石牆完成後再進行。

利用槓桿把石塊架高

下面墊上兩層

把大石塊立起來

抬起大石塊

兩個石塊間的空隙

剖面圖

插入小石塊

這個小石塊雖然無法承重，在地震時卻能發揮功效。

三個石塊間的空隙

正面圖

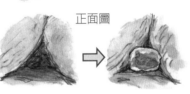

把大石塊立起來後就慢慢往上抬。平放在地上抬不起來的石塊，只要把它立起來後，就會變得比較好抬。將石塊抵在手腕跟胸部上，利用整個身體來抬高石塊。若是較高的位置，就要另外製作台基（參照左圖）。

7 填裡石、飼石的注意要點

放入填裡石後再繼續往上疊

堆好一層後，就在內側放入填裡石，把土壤跟石牆間的空隙填滿，這才是正確程序。接著繼續往上疊，不這麼做石塊就不會穩固。

光將填裡石倒進去是不夠的，必須緊密塞入內側。若在石頭內側有比較大的縫隙，就先在縫隙裡墊一塊形狀合適的石頭。必要的話可用鐵鎚來把石塊敲進去。

必須充分填入填裡石。必要時可插入飼石，這時不要填入泥土。

產生空隙

石塊內側不能留有空隙，必須充分填入填裡石。必要時可用鐵鎚敲或用鐵棒搗。

插入飼石

雖然有時石頭表面跟水線基準面非常吻合，卻無論怎麼翻轉都無法用三點固定，這種情況下，必須在內側加一個石塊來製造出第三點，這個石塊稱為「飼石」。平扁的石塊較適合當作飼石。必須盡量水平插入空隙中。

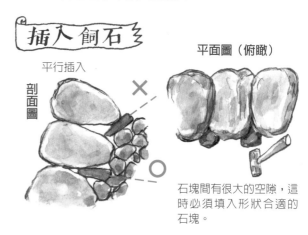

插入飼石

平行插入

剖面圖

平面圖（俯瞰）

石塊間有很大的空隙，這時必須填入形狀合適的石塊。

把土壤填到填裡石的內側

雖然填裡石的量愈多愈好，但石牆堆得愈高，跟內側土壁間的空間就會愈大。若全部都用填裡石來填，小石頭會不夠用，而一開始挖出來的土卻多得不得了。這時，30～40cm 左右的深度可用小石頭來填，其他的空間就用土來填滿。用腳把泥土踩緊，再用樹幹徹底壓整。不過要記得，勿在填裡石的部分填入泥土。為使排水順暢，還是需要留有一些縫隙。

大多數崩塌的石牆都是因為沒有填入充分的填裡石。因此，再生石牆時，小石頭往往會不夠用。平常就可以把從田地裡挖出來的小石頭收集起來，留待堆砌石牆時使用。

回填泥土

填滿泥土後，用腳把土踩緊。

完成預定的線

將崩壞石牆後方的土壁挖到這個傾斜度，才能堆砌出穩固的石牆，這時不需要全都用填裡石來填，也可利用泥土。

堆砌石塊的禁忌

　　一般用間知石或卵石所堆砌而成的石牆，都禁止以「四眼石」、「八圍疊石」、「重疊石（重疊箱、芋頭串）」、「拜石」、「閃電紋疊石」等方式來堆砌（以正面的樣貌來命名）。

　　但也有很多石牆以形狀不規則的野石來堆砌，即使是堆成石籠般的模樣，也不會崩塌。以

面來接觸的間知石不同，野石是以點狀接觸，所以不會輕易鬆動，再加上形狀不規則，就算石塊的紋路看起來好像會滑動，但只要稍微換個位置或角度，就能與另一個石塊咬合。

　　但若用「一樣大小」的野石來堆砌，就會出現與間知石相同的力學狀態，此時要注意避免犯到上面所提的禁忌。

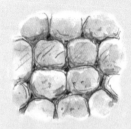

四眼法　會連成十字形，又稱為「通道紋」。

四圍疊石　四個石塊圍住一個石塊，中間的石塊容易鬆脫。

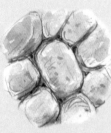

八圍疊石　八塊石頭圍著一個石塊，也很容易鬆脫。

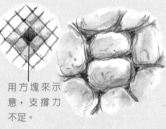

用方塊來示意，支撐力不足。

重疊石（直立）　也稱重疊箱。若有三個並排，就稱為「芋頭串」。

拜石　兩個石塊呈合掌的模樣。

開石　上方石塊的重量讓下面兩個石塊分開。

一字疊石　水平垂直的組合，石塊力道的方向與舒張，都在這裡被中斷。

閃電紋疊石　閃電狀紋路。石塊的咬合偏斜，石塊會沿著紋路方向滑落。

雖然很相似，但這邊的做法ok！

用方塊來示意的六圍法

間知石的谷積法示意

六圍法　使用三點支撐法所堆砌而成的石牆，會自然而然形成這種形狀。力道能夠分散，不容易崩塌。

垂直的石塊抵住下方石塊，並非「開石」。

這個石塊與兩個石塊接觸，所以並非「重疊石」。

將兩個石塊水平斜擺，就能處理此問題。

參考／《物品與人類的文化・石牆》田淵實夫（法政大學出版局）

8 修整既存石牆與修補石牆連接處

判別殘存的石塊

先不論搭建新石牆的情況，若是再生崩塌的石牆，就必須好好修整既存石牆與修補石牆的連接處。作業一開始，就要先判別哪些石塊要清除及保留。

通常保留下來的石牆邊側，會比石牆的表面（水線拉出來的基準線）還要來得突出，這是因為在石牆崩塌時所產生的位移。若是小規模的石牆，既存石牆的邊側部分，石塊的堆砌結構已經不夠紮實了，這時就應該把該處的石牆清除，重新堆一次。

若是高聳或用到大型石塊的石牆，一旦石牆下方崩塌，光一個石塊就支撐上方多數的石塊，如果要把泥土都挖出來重新移動石塊，將會是個浩大工程。因此，最好是用鐵撬，修整突出的部分。

把舊石塊壓進去，固定新石塊

處理位移的邊側石塊時，必須先把裡面的小石塊跟泥土挖出來，再用鐵撬把石塊抬高，修正它的位置。雖然這時感覺上方的石塊會往下掉，但舊石牆其實已經陷進石牆內側的泥土中，所以不太容易鬆脫。但為了以防萬一，還是要謹慎作業。

並非所有的石塊都必須在一開始就執行這項作業，而是當新設的石牆堆到跟想要修整的石牆一樣高時才需開始進行，因為希望能將新舊石塊一起固定住。

將石塊移動到固定位置時，便在內側重新置入填裡石或是插入飼石，以讓新舊石塊的接點一體化。

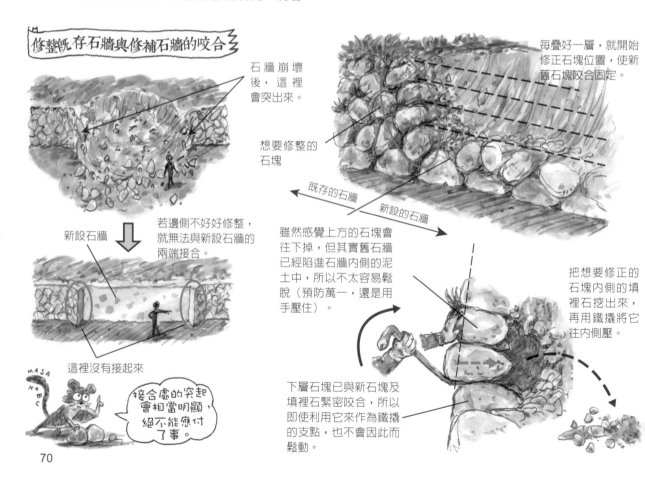

修整既存石牆與修補石牆的咬合

石牆崩壞後，這裡會突出來。

若邊側不好好修整，就無法與新設石牆的兩端接合。

新設石牆

這裡沒有接起來

接合處的突起會相當明顯，絕不能應付了事。

想要修整的石塊

每疊好一層，就開始修正石塊位置，使新舊石塊咬合固定。

既存的石牆　　新設的石牆

雖然感覺上方的石塊會往下掉，但其實舊石牆已經陷進石牆內側的泥土中，所以不太容易鬆脫（預防萬一，還是用手壓住）。

把想要修正的石塊內側的填裡石挖出來，再用鐵撬將它往內側壓。

下層石塊已與新石塊及填裡石緊密咬合，所以即使利用它來作為鐵撬的支點，也不會因此而鬆動。

9 堆砌高石牆時

搭建踏台

　　堆砌高過自己腰部的石牆時，作業起來就會很不順手。兩個人一起進行作業時，可以一個人爬到石牆上，助手把石塊往上拋，然而搭建踏台作業會更加便利。用鐵鎚把直徑 10mm、長約 1m 的異形鋼筋（p.61）釘到石牆縫隙裡，高度大約是石牆從地面往上 50～60cm（約高於膝蓋）。把鋼筋打進填裡石的縫隙中就會更加穩固。釘上兩條鋼筋後就可在上面架上踏板。若踏台很長，可再釘上一條鋼筋，將兩塊踏板重疊架在中間那條鋼筋上，也可用堅固的鐵管來取代異形鋼筋，踏板則可用 2～3 根角材拼起來。

石牆上半部的石塊是用手抬得動的大小，所以只要架起一層踏台，就能堆砌出這麼高的石牆。

踏台的使用方法

　　先把石塊搬到踏板，接著自己也站到踏板上，再開始進行作業。一邊堆砌石塊，一邊視其接觸與咬合狀況，進行調整。堆砌到一定程度後，就可爬到石牆上方，由上往下確認水線的位置，並使用鐵撬與鐵鎚來進行微調。

▶踏台的搭建方式

將廢棄的瓦斯管釘到石牆縫隙裡，把角材綑起來製成踏台。在踏台的一邊墊上空心磚。

▶踏台的使用方式

先把石塊搬到踏板，再爬到踏台上。　　接著把石塊搬起來疊到石牆上。　　爬到石牆上，調整石塊位置。

10 轉角、頂端的處理與完工

轉角的堆砌方式

　　若想要讓石牆呈 L 字形轉角（從上往下看呈九十度），就必須使用控面較長的長方形石塊，交互組合堆砌出轉角，這稱為「算木積堆砌法（井桁堆砌法）」。利用谷積法堆砌而成的石牆，唯有這部分使用平積法，在構造上也行得通。因此，必須考慮與轉角石塊接觸到的石塊形狀，若是形狀不規則的天然石，就需要非常高的技術，而且這個部分是石牆的焦點，必須事先準備好大小、形狀都適用於算木積堆砌法的石塊。

長方形的石塊交互疊成井桁狀，就能堆砌出不易崩塌的轉角（左：滋賀縣大津市坂本。右：愛媛縣愛南町）。

垂直排列石牆的頂端（左：群馬縣藤岡市），與橫向堆砌出頂端（右：德島縣美鄉村）。兩地距離數百公里，卻使用相同岩質的綠色片岩堆砌出石牆。

頂端的堆砌與處理

　　石牆頂端的石塊如果突起來，外觀就會不整齊，上方的土地也不容易利用，更有石塊滾落的危險。挑選能夠使頂端保持平整的石塊，謹慎地堆砌好（上方照片）。

　　可以用小石塊把頂端填平，也可填土進去，在上頭種些植物，植物的根能夠抓住土壤。

　　另一種做法是把平扁且控面長的石塊保留下來，最後疊在頂端上。用大石塊固定住頂端，不僅能防止泥土混入填裡石中，還可承受來自石牆上方的壓力，土地就能更加靈活運用。

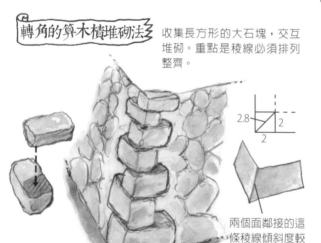

轉角的算木積堆砌法

收集長方形的大石塊，交互堆砌。重點是稜線必須排列整齊。

2.8 / 2

兩個面鄰接的這條稜線傾斜度較為平緩（傾斜度約 2 分，石牆則為 2.8 分）

頂端石塊的堆砌方式

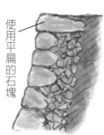

使用平扁的石塊

小石塊與植栽

若是梯田，這裡必須設置防水裝置。

平扁的石塊能承受來自上方的壓力，適用於停車場。

植栽型則適用於農地。若是梯田，必須在紅線位置用黏土或塑膠布設置防水裝置。

經常在石牆頂端種植麥冬以抓住泥土。雖然屬於陰性植物，但種植在明亮的地方，根就能深深地伸展開來。

把地面整平

石牆完成後，就可以把不要的石塊清掉，確認土地是否平坦。石牆礎石附近的地面是否凹陷？在作業進行過程當中，這裡是最常踩踏的位置，所以會陷得比其他地方來得深。若就這麼放著不處理，下雨時就會導致排水不良、礎石附近積水。解決的方式是從其他地方搬一些土過來，把地面稍微填高一些。

石牆完成之後

與石牆鄰接的田地，必須從下方往上耕作。

如果凹陷下去，就填入一些泥土，把土踩緊。

頂端內側的凹陷

雖然有點麻煩，但蟲兒們會很開心。

如果這裡有點凹進去，就補充些小石塊。

每年冬天都用疏枝鋸將根部附著在石牆裡的灌木砍掉（作為地爐用的柴薪）

在日照良好的石牆下方種植茶樹

11 石牆的維護

管理石牆

石牆的維持與管理，有下列三項要點。

1）固定礎石下方的土壤……尤其是斜坡上的石牆更要注意。雖然不會直接動到礎石下方的土壤，但如果下方是裸露的土質田地，每當下雨土壤就會往下移動，長年下來礎石就有裸露的危險。若礎石移位，整修起來就是大工程。在耕作或搬動土壤時，必須時時謹記將土壤朝山側移動。割下來的雜草也要養成往山側扔的習慣。

2）補充填裡石……日子一久，填裡石內側的泥土會被雨水沖走，導致上端石頭掉進內側。必須在石塊還未鬆動前把小石頭填進去。為此，可把從田裡挖出來的石頭集中存放在固定的地方。

3）適度除草……一段時間後，石牆頂端或石牆縫隙裡就會長出植物。夏天時要適度除草。雖然把石塊縫隙中的雜草全都拔掉也無妨（利於排水），但有時草根會盤纏在石塊上，能夠更加鞏固石牆，看起來也別具風情。

靠近石牆的樹木

樹木的根部伸展到石牆的情況下，通常能夠更加鞏固石牆，但也有可能將石塊頂起來，導致石牆崩塌。可以觀察看看是應該在生長初期就拔掉，還是要適度斬斷以利其萌芽生長。

由於用野石堆砌而成的石牆會留有適度的空隙，所以即使侵入的樹木成長之後，也不會導致石牆崩塌，也有人會在石牆上方搭建籬笆。

石牆是動植物的小宇宙

石塊的比熱較高，所以溫暖的地方乾得快也熱得快。在這些地區，適合種植多肉植物的仙人掌、弁慶草與松葉牡丹等。而在日照不良、濕氣重的地方，苔類與蕨類容易生長，也很適合天香百合、玉簪、流蘇虹膜、紫陽花的生長。我們能夠將石牆打造成從苔類到仙人掌都能夠生長的環境。

若想要利用石牆來栽培蔬菜，可在石牆的孔隙裡栽培豆類，頂端種植小番茄，讓它們垂掛生長，還能利用石牆的輻射熱來栽培幼苗。譬如將南瓜種子種到培養皿中，然後擺在石牆邊，用玻璃或透明塑膠片圍住。在我居住的地區裡，會在田地邊的石牆下方種植南瓜跟茶葉。只要定期修剪，低矮的樹木就能夠防止礎石下方的土壤流失。

多孔質的石牆對於小動物們而言是最棒的居住地區。昆蟲與爬蟲類、哺乳類等，其種類豐富的程度，都能寫成「石牆的動植物圖鑑」。我在搭建石牆時，曾發生石牆堆到半高時，忽然有一條褐色的小蛇爬出來。想不到在進行填裡石作業時，竟然碰到了蛇，當我正感覺不愉快而想要把牠抓起來扔得遠遠時，那條蛇卻悠哉地爬進石牆的縫隙裡，就這麼不出來了。當時正值晚秋，也許牠選擇這裡作為牠的「冬眠穴」。

石牆的孔洞經常有野老鼠出沒，可作為蛇類的食物。而野老鼠的食物，則是小昆蟲、蜈蚣、蚯蚓等。石牆裡有著一座生態系的小宇宙。

日子一久，石牆上會長滿青苔，還有各種多年生的草木會把根伸進去。這座石牆就面對著我們家門口，差不多該整理一下了。

不知道什麼時候種的。仙人掌的一種，開出鮮豔的花朵。

充滿水氣的石牆，連澤蟹也來湊一腳。牠們好像也有很多東西可吃。

第 3 章
水源與水路

控　　制　　水　　源

里山生活中有件非常令人開心的事，那就是能夠喝到美味的水。然而有害成分會融於水中，豪雨時，水也會成為凶器。本章將討論如何確保生存原點的水源（飲用水），以及管線的配置與管理，還有透過生物的活動來淨化水源的排水道、活用自然水路的要點，此外，也會談到廁所。

MASANOBU

1 確認水的流向

從水的動線來眺望自家土地

里山生活時，除了土地的管理外，更重要的是必須掌握水流（水量及動線）。日本有颱風、集中型豪雨以及大雪，水流既能打造出土地，也能摧毀土地。生活用水該從何處取得，如何排水、排到哪裡？水源被哪座山的分水嶺包圍？那裡的地形地質如何、生長了哪種樹木？排水會經過哪個村落、怎麼流出去？就算在剛住進山裡時，無法徹底調查清楚，但住進來後，就必須留意且管理。

分別思考供水與排水

水可分為「供水道」（飲用水、生活用水）與「排水道」（雨水與家庭排水），請思考並確認下列幾項重點。

▼關於供水道

1）**水源來自何處**……即便供水道是來自公共水道，也要調查清楚水源、淨水場，以及淨水的方法。若是來自河流或湧泉，就要確認水源，並定期管理以防止堵塞。

2）**配管經過哪些地方**……使用河流或湧泉時，必須掌握水源到家裡水龍頭間的途徑、配管方式、配管素材等資訊，發生狀況時才知道該如何處理。

3）**是否有中繼儲水槽**……即使水源是來自溪水或湧泉，通常也會在中段設置儲水槽以確保水源的穩定，有時會數家共用一個儲水槽裡的水。要了解共用住戶與管線配置，並決定打掃日，在問題發生時也一起討論解決辦法。此外，設有中繼儲水槽時，一定會有溢流管與清掃用的排水孔（排泥管），而這些水流與泥沙又是流往何處，也必須事先了解。

▼關於排水道

1）**水聚集到何處又流向何處**……下雨時落在屋子四周的雨水，會流經哪些地方並流往何處呢？若屋子後方有石牆或山脈，從那流下來的水，會流經屋外而到某個地方。還要知道屋簷上排雨管的雨水，最後會流向何處。

2）**經過哪些水道而流向何方**……若有公共下水道，水流就會流經暗渠而到各處管線裡。日本的山村很少見住戶會直接將廢水排入溪水或河川中。若設有淨化槽，就可順著淨化槽流出來的排水，找出其流向。

3）**是否需要除草或除泥的水道**……雨水或廢水若流到明渠，就必須定期除草與除泥，以防止堵塞，並避免水患導致堤防或道路崩塌。雖然自家土地中的水道歸自家管是理所當然的事，但由村落共同管理的情況也不少見，充分掌握此狀況，並參加共同除草或清掃作業。

從下方流程圖應該會比較容易理解。

▼我家的水源流程圖

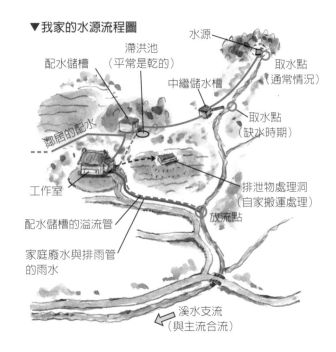

配水儲槽
滯洪池（平常是乾的）
水源
中繼儲水槽
取水點（通常情況）
取水點（缺水時期）
鄰居的配水
排泄物處理洞（自家搬運處理）
工作室
放流點
配水儲槽的溢流管
家庭廢水與排雨管的雨水
溪水支流（與主流合流）

2 水源與取水方式

思考水源

比較古老的村落裡，一定會有過往遺留下來的水源，考慮要住進來時，可問問村子裡的居民們。有時會是從岩石湧出來的泉水，但大多是河流的湧水。

在尋找新的水源時，若是要直接飲用，就必須確認上游是否有「人為污染源」。若有住戶、工廠、雞舍、高爾夫球場、焚化場、廢棄物處理廠等，該處的水源就不能使用。

就算有湧泉或水井，也有可能因周遭環境的變化而無法使用。而田地或山林也會使用化學除草劑而令人無法安心使用水源。此外，若四周有火山、礦山、溫泉、礦泉等，水源也不能作為飲用水。

可參考國土地理院的兩萬五千分之一地圖，親自步行確認水源，或詢問當地耆老。就算附近沒有住戶，水流也有可能會流經林道，這時最好從林道上游取水。

我們村子裡有許多水流豐盛的水脈。可利用有孔管線將小溪最上游與杉木林中的湧泉匯集起來，引導至儲水槽，再用黑色塑膠管引水。林床上長有紅葉笠。

說了這麼多，但天然的淨化能力也不容小覷，有時甚至河川中游的地下水可直接飲用。也有一些保健所或民間機構能夠檢測水質（可拿到各個自治機關的保健所或民間機構。費用數千到一萬日圓不等）。而人類舌頭的感應能力並不遲鈍，也可憑自己的感覺進行綜合判斷。

汲取地表的河流水

只要沒有人為污染，日本的山溪水是可直接飲用的水質（但若有火山、礦山、溫泉、礦泉等

就另當別論），但還是會有動物的糞便、骨骸等落進溪水中，無法徹底淨化水源。但是溪水含氧量豐富，能夠快速分解、淨化水質。此外，由於水溫低，在腐敗之前就會有河蟹跟水生昆蟲等將腐敗物吃掉。溪水看起來只有表面的水在流動，但實際上會滲入泥沙中，然後從沙穴中流出，這種運作反覆進行，成為一種淨化的裝置。

這種淨化不只是單純的物理性過濾，還同時以岩石上附著的藻類、水中生物、沙內微生物等所產生的生物過濾。

舉例來說，將彎曲的河道整直，進行混凝土護岸工程，不久後河川就會開始變髒，原因除了具有生物過濾功能的河岸、河床面積減少外，另一項重要原因是原本彎曲河道的沙層也能夠進行過濾（與供水道的「慢速過濾」相同，可參照本書p.94※2），而整直的河道喪失了這項功能。

若對於水質感到不安，也可另外挖掘水井取水飲用，溪水則作為洗澡或外用。此外，也可製作簡易的「慢速過濾（生物過濾）」裝置（※）（請參照下頁）。

山泉水的水質與生物淨化

論及水質與細菌時，我不禁想起金魚們在使用氯殺菌後的無菌水道裡成群死亡的景象。在自然界中，不可能存在無菌狀態，我們定會與某種細菌共存，人體內也存有腸菌。以世界的用水

標準而言，每一毫升水中的細菌數量，只要低於一百就屬於安全水，「含有微量細菌的水」與「雖然無菌，但添加殺菌藥劑的水」，哪種水喝起來比較安心呢？

光是流過沙與沙礫層的水，就能變乾淨，能夠排除細菌的「慢速過濾（生物過濾）方式」，也帶給我們嶄新的觀點。過濾沙層中，水流會持續且緩慢流動，各式微生物一邊過濾水質，一邊生活在裡頭。這些微生物連細菌都會吃，食物只會來自沙層表層（不會進入沙層中），若沒有食物，微生物也就不會棲息，所以只要沙層夠厚，過濾沙層下方就會有乾淨的水。

山泉水也是相同道理。森林底下有很多落葉，很多微生物棲息在裡頭。這層微生物能夠過濾水質，產生乾淨的山泉水。

過去，會把棕櫚皮、炭灰與沙等裝進木桶裡，製作簡易的過濾裝置，從上面倒入混濁的水

以淨化水質，慢速過濾（生物過濾）與這種裝置有本質上的差異。木桶式過濾裝置只有在需要用水時才會把水倒進去，所以微生物不會棲息在裡面。因此雖然能夠去除雜質，但無法消除細菌。若要讓木桶中產生生物淨化功能，必須讓水持續且緩慢地流動。關鍵是必須有生物的存在。

雖然並非每天都會下雨以供給森林土壤水分，但對生物來說，那裡是具有多樣性且大規模的生存環境，跟閉塞的木桶不同。北方的山林，正是水流緩慢的大型淨化裝置，而南方的山林濕潤多霧，還有著持續流動的地下水脈。即使是在

※ 慢速過濾（生物過濾）裝置
中本信忠著的《好水的製作方法》（築地書館）或中本老師的部落格「從現場學到的智慧與技術」blogs. yahoo.co.jp/cwscnkmt 裡有展示小型的範例。完全無使用藥品，單憑自然的力量，甚至不需要煮沸與消毒就能夠製造出飲用水。在水質不佳的東南亞、非洲、中南美等地被廣泛利用，讀了那介紹後，就覺得一定可以住在山裡。

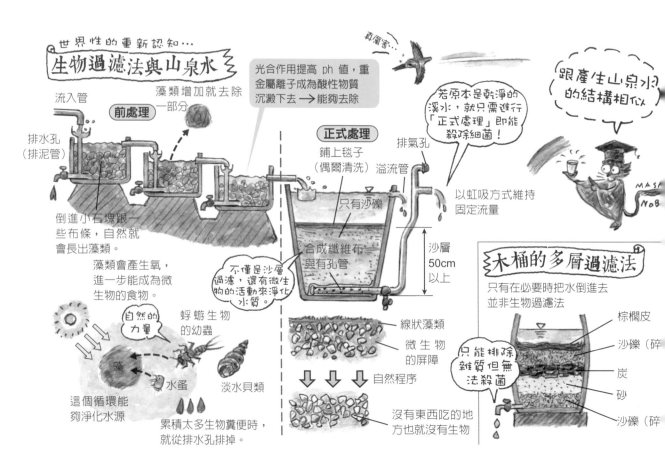

世界性的重新認知…
生物過濾法與山泉水

光合作用提高 ph 值，重金屬離子成為酸性物質沉澱下去 → 能夠去除

若原本是乾淨的溪水，就只需進行「正式處理」即能殺除細菌！

跟產生山泉水的結構相似

流入管

前處理
藻類增加就去除一部分

正式處理
鋪上毯子（偶爾清洗）
排氣孔
溢流管
只有沙礫
以虹吸方式維持固定流量

排水孔（排泥管）

倒進小石塊跟一些布條，自然就會長出藻類。

藻類會產生氧，進一步能成為微生物的食物。

不僅是沙層過濾，還有微生物的活動來淨化水質

合成纖維布與有孔管

沙層50cm以上

木桶的多層過濾法
只有在必要時把水倒進去
並非生物過濾法

自然的力量

蜉蝣生物的幼蟲

水蚤

淡水貝類

線狀藻類
微生物的屏障
自然程序

只能排除雜質但無法殺菌

棕櫚皮
沙礫（碎
炭
砂
沙礫（碎

這個循環能夠淨化水源

累積太多生物糞便時，就從排水孔排掉。

沒有東西吃的地方也就沒有生物

不下雨的季節，微生物也能以休眠孢子或休眠卵的形態來度過這段乾涸時期。日本的山林表土豐富且含有充分的營養鹽類，讓許多生物、微生物、菌類居住在裡面，因而成為世界上少數能夠大量生產良質水的裝置。

取水口的構造與管理

過去通常會以水桶從共用水井、溪水或湧泉等水源處運回很多水，然後倒進放在土間裡的大水桶儲存，要用時以杓子舀水。也有人會接上竹管、木管，把水引到屋子裡，但必須每年更換管線。現在的儲水槽是混凝土、不鏽鋼或塑膠等耐久性強的質料，管線則多採用鹽化塑膠管、聚乙烯管（通稱為黑色塑膠管）等方便的素材。

若是岩石間的湧泉，就會用漏斗接上管子，從屋頂上接進屋子裡。若溪水的源頭被埋起來，就必須將落葉與泥沙挖開，找出湧水位置。等到泥沙都流掉，只剩下石礫時，就可把管壁開孔的粗鹽化塑膠管或是蛇腹管（無論使用哪一種，都必須在前端套上塑膠製或不鏽鋼製的網子）埋進去，接著壓上石塊。前端的網子與管壁上的孔洞必須與石礫接觸，若是跟泥土接觸，很快就會堵塞，也就是要在集水管周圍蓋上小石塊或石礫。

在出水口（鹽化塑膠管的出口）設置一個儲水槽，讓石礫流進裡頭。儲水槽必須裝置在穩固處，再從那裡引出溢流管。接著，在取水口上游的斜坡，用鹽化塑膠管接到儲水槽的這段管線上方架上浪板（有上漆保護的浪板比較持久耐用）。

定期檢查水源是相當重要的事，尤其是在大雨過後等水變混濁而引不出來時，必須立刻清掃水源處的儲水槽。

需要多少水量？

對現代人來說，「潺潺流動的溪水」並不足以作為水源，但在過去，「像手指或鉛筆一樣的細流」，就能夠供應一戶人家的用水。在水資源浪費的現代，也許無法體會這種感受，但即使流量不多，只要中繼儲水槽的容量夠大，就能成為水源，而且質比量重要。質指的是安全且一整年都不會乾涸的水。

由於季節而使水源容易產生變化的時期，通常會使用最上游的湧泉，枯水期時，會併用溪水（設置中繼儲水槽）。

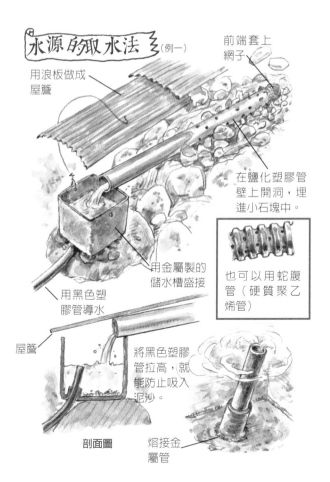

水源的取水法（例一）

前端套上網子

用浪板做成屋簷

在鹽化塑膠管壁上開洞，埋進小石塊中。

用金屬製的儲水槽盛接

也可以用蛇腹管（硬質聚乙烯管）

用黑色塑膠管導水

屋簷

將黑色塑膠管拉高，就能防止吸入泥沙。

剖面圖　熔接金屬管

3 設置引水管線

從水源到水龍頭

配管可分為鹽化塑膠管（※1）與黑色塑膠管（※2）。基本上，距離短或埋設在地底的工程，使用鹽化塑膠管，長距離或裝設在地表則使用黑色塑膠管。較合理的現況是從水源到附近的中繼儲水槽使用黑色塑膠管（內徑 16mm），從儲水槽到屋子以及家裡面則是使用鹽化塑膠管（內徑 16 ～ 13mm）。

有各式各樣的接合管能夠適用於接合鹽化塑膠管，一般使用的是內徑 16 或 13mm 的接合管。通常接到屋子的閥門為止，使用的是 16mm 的管子，接下來只要使用 13mm 的就夠了（家庭用水龍頭的標準口徑通常是 13mm）。

鹽化塑膠管的埋設與室內配管的思考方式

基本上，自家的配水管線最好不要太複雜。若是引用山泉水，很有可能會「堵塞」或「凍結」，配水管線單純，就比較容易找出故障位置，能夠迅速應對處理。

中繼儲水槽（下一項中詳述）到家中的這一段管線，最好使用鹽化塑膠管設置為「地下配管（埋設管）」。若住家周圍地面上有管線，不僅容易絆倒，作業時也容易不小心破壞到管線，況且地面下比較溫暖，較能防止結凍。

埋設管接到住家附近時，可將管線直立（使用四十五度彎管），然後裝上水閥。先在這裡將水止住，之後就能進行屋內的配管。但要記住，中繼儲水槽的流出口位置必須低於水龍頭，才不會使用到整個儲水槽的水壓。

室內配管最好也不要太長、太複雜。廚房跟浴室（廁所）各裝一個水龍頭就夠了。而室外有一個水龍頭則會更方便，所以從水閥到出水口總共分成三條管線（若廁所是集糞式，洗手的水

就可使用「垂掛式」的小型儲水槽）。

預防突發狀況的方法

露在地面的部分，可蓋上保麗龍製的隔熱裝置，再用膠布纏緊以防止凍結。但若不是在比較溫暖的地區，這樣的裝置還是很快就會被凍結的水撐破，所以冬季時最好是將水龍頭一直開著（後述）。

幾戶人家使用同一座水源時，最下游住戶的住家周圍可能會漏水，若是不在家或沒有留意到，儲水槽裡的水會全都流掉，因此最好在中段另外裝設一個水閥。

※1 **鹽化塑膠管**……正式名稱為「耐衝擊性硬質鹽化塑膠管」，通稱「HI 管」，是最常用於現代供水裝置的素材。價格便宜，在家居生活館等地都買得到，管子割斷後，只要用接合管與接著劑就能連接，作業起來也很簡單。一般規格為 4m 與 2m。內徑 13mm、4m 長的管子，大約 300 日圓，非常便宜。

※2 **黑色塑膠管**……正式名稱為「水道用第一種類聚乙烯管」。比橡膠管還要硬，但卻能夠對應地表配管的彎曲，承受凍結的程度也高於鹽化塑膠管。通常以一卷 30m、60m、120m 來販售。不容易在家居生活館買到，價格也很高，到各地的管材販售中心等量販店應該容易找到。分為一層的暫時性工程用，與兩層的一般用，用於水源的是後者。內徑 16mm、長 60m 約為 5300 日圓。接合管無法以接著劑黏合，必須用金屬質的接頭，用螺栓鎖緊，價格也稍高。另外也有鹽化塑膠管與黑色塑膠管的金屬接頭（如下圖）。

左：鹽化塑膠管，右：黑色塑膠管。必須使用專用接頭。

將山泉水引到室內

內附刷子的專用接著劑

以專用膠帶纏緊螺栓部分就不會漏水

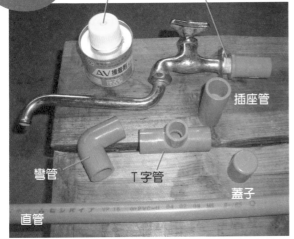

插座管

彎管　　T字管

蓋子

直管

▲鹽化塑膠管與接合管……接合管的管口為了讓直管能夠插入因此會較寬。T字管（通稱起司）是分支狀的配管。接續用的接合管（通稱插座管）能夠接續兩條管子。彎管（通稱彎頭）呈45°彎角。栓（通稱蓋子）是用來蓋住直管的末端。

把內部海綿沾溼，切進去。

想要在混凝土壁上裝置水龍頭時，必須將專用的金剛石刀具裝在電鑽前端，然後在壁面開洞。

山泉水真好喝！

以火加熱就能彎曲的鹽化塑膠管，小型的彎度可用這種方式處理。

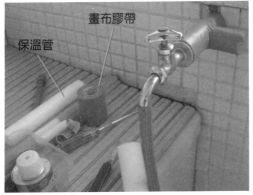

畫布膠帶

保溫管

不要讓鹽化塑膠管外露，可用保溫管與畫布膠帶來保護，防止凍結。

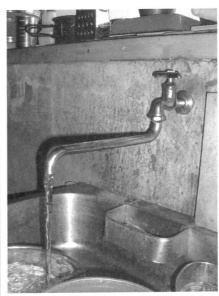

雖只是一個水龍頭跟小水槽，但只要想到從這邊可以取得山泉水，就覺得既愉快又滿足。

山泉水管線配置訣竅

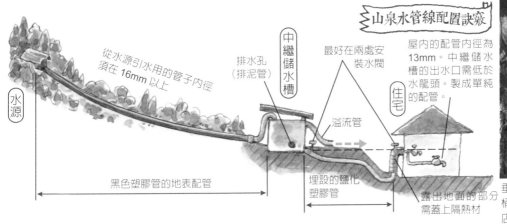

水源

從水源引水用的管子內徑須在16mm以上

黑色塑膠管的地表配管

中繼儲水槽

排水孔（排泥管）

溢流管

埋設的鹽化塑膠管

最好在兩處安裝水閥

住宅

露出地面的部分需蓋上隔熱材

屋內的配管內徑為13mm。中繼儲水槽的出水口需低於水龍頭。製成單純的配管。

垂掛式、手壓式洗手水桶，可在當地金屬物品店裡買到。

4 了解中繼儲水槽

中繼儲水槽的功能

若是對自然的水流進行配管時，在途中設置中繼儲水槽就能應對各種問題，而且還能儲水，在用水量高於進水量時，即能發揮功用。下雨使水源混入泥沙時，也能阻擋住泥沙。在山村裡常見的是混凝土製的儲水槽，另外也有聚乙烯製、不鏽鋼製的。

必要的功能

要使中繼儲水槽發揮功能，必須具備下列要項。

1）**溢流管**……全部的水龍頭都關上時，水從中繼儲水槽流出來。接上管子做排水路。

2）**排水孔（排泥管）**……清掃儲水槽時所使用的排水孔，也可用來排除積在槽底的泥沙。平常拴上木栓。

3）**蓋子**……用浪板做成蓋子（屋簷）以防止垃圾或雨水落進儲水槽中。上頭壓上石塊等重物以免被風吹走。

4）**滯洪池**……盛接來自排水孔的水，若附近有小水潭就利用小水潭，沒有的話就在中繼儲水槽旁挖個小洞，製成乾的小池塘（壁側用石砌補強）。也可保持溢流管的水流出，將滯洪池當成儲水池塘使用（也可養魚，四周種植山葵或芹菜）。

就算不製作滯洪池，也可用水桶之類的工具盛接溢流管的水，可用這些水來洗菜或冰鎮西瓜，戶外作業時也可用來清洗東西。

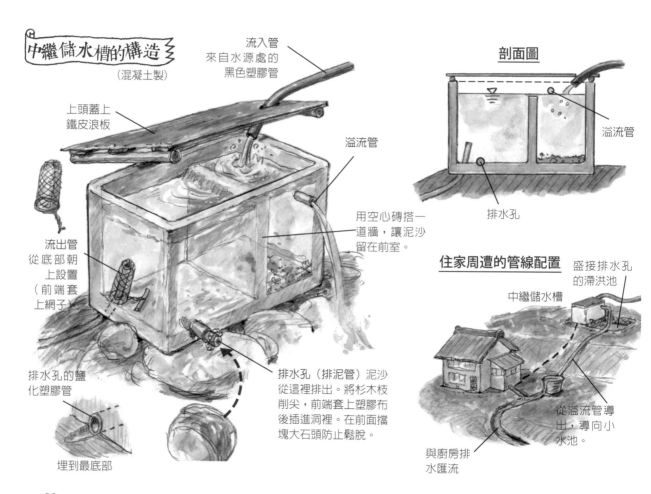

中繼儲水槽的構造
（混凝土製）

流入管
來自水源處的黑色塑膠管

上頭蓋上鐵皮浪板

溢流管

用空心磚搭一道牆，讓泥沙留在前室。

流出管
從底部朝上設置（前端套上網子）

排水孔的鹽化塑膠管

埋到最底部

排水孔（排泥管）泥沙從這裡排出。將杉木枝削尖，前端套上塑膠布後插進洞裡。在前面擋塊大石頭防止鬆脫。

剖面圖

溢流管

排水孔

住家周遭的管線配置

盛接排水孔的滯洪池

中繼儲水槽

從溢流管導出，導向小水池。

與廚房排水匯流

5 防止凍結與維護方法

防止凍結的思考方式

　　將管線埋在地面下，就能有效防止凍結，而露在地面的部分，可蓋上保麗龍製的隔熱裝置。但能確實防止凍結的方法，是將水龍頭一直開著。我們住的地方（群馬縣南部，標高 600m 山裡）只要把水龍頭打開，讓水流保持在 3mm 左右的水柱，就不會凍結。因為不需繳水費，所以不用擔心。但若有來自都市的客人，即便告知他們，他們還是會習慣性地把水龍頭關上，必須留意。因此，水龍頭的數量還是少一點比較好。在更寒冷的地區中，必須考慮使用電熱器來解決凍結問題。

在我們住的地方只要稍微把水龍頭轉開就不會凍結。若水開太大會有擾人的滴水聲。

如果凍結了……

　　忘記將水龍頭轉開而凍結時，該怎麼辦？若水管沒有破損，只要加溫就可解決凍結問題。

　　金屬部分容易凍結。戶外的水閥與室內的水龍頭，必須進行集中保暖措施。首先燒水，製做熱水袋將它綁在水閥上，再裹上毛巾。水龍頭則是以露營用的瓦斯槍來加熱。

　　我們搬到此處的前三年，都無法成功預防凍結，每次都是以這種方法解決凍結問題。

維護保養

　　一年必須數次檢查跟打掃水源與中繼儲水槽（水源不同頻率也不同）。若泥沙堆積，水流就會混濁，但若能提前確認，就能避免管線堵塞。

　　若水源周遭是杉木林，那刮強風時就會有大量枯葉掉進水中，必須進行清掃（杉木的枯葉可集中起來當成燃料）。此外，黑色塑膠管也有可能被野豬撞斷。

　　若有滯洪池，也需要清除周圍的雜草。

排除泥沙的方法

　　取水管因為只罩上大孔隙的網子，所以每隔幾個月到半年就要清理囤積在中繼儲水槽底部的泥沙。將蓋子打開，拆掉流入管跟排水孔（排泥管），攪動水槽裡的水，泥沙就會跟著排出去。

　　我們的儲水槽為三戶共用，可容人進出。以下介紹清掃順序。

1）蓋上流出口，拔掉流入管，讓水流進滯洪池。拔掉排水孔的栓子，讓水槽的水流光。
2）架上梯子爬進去，用沙拉油桶切成一半做成的畚箕把泥沙挖起來，裝進水桶倒到儲水槽外面。接著一邊放水，一邊清洗網子，用抹布清洗槽底跟壁面（排水孔開放的狀態）。
3）清乾淨後再架上梯子爬出來，栓上排水孔，開始儲水。

　　這些清出來的泥沙非常細微，混有黏土與腐植有機物，與盆栽用的酮土類似。我們會將它利用在迷你盆栽上。

▼將泥土用在迷你盆栽

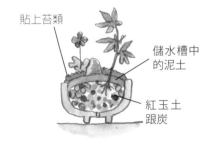

貼上苔類

儲水槽中的泥土

紅玉土跟炭

6 水管破損時的修補方式

尋找堵塞處與應對方式

若是地面管線凍結破損，看得到且立刻就能處理，比較大的問題是地下管線堵住情況。從堵塞位置的上游側開口部位（若是配水儲槽與家裡水龍頭間的管線堵塞，就從配水儲槽的流出口）插入長鐵絲（不要的電線。同軸的電線又硬又好用），或是把布纏在樹枝上，用水槍的原理，朝管子裡擠壓，施加壓力。

過去，地下管線附近的樹木成長時，因樹根擠壓而破壞了管線，該處就會被泥沙與垃圾堵住。總之先挖開可疑的地方確認情況，但大多時候由於不清楚管線的深度與平面位置，亂挖一通反而剷破了管線。挖掘時要用鶴嘴鋤的尖頭部位慢慢挖，看到管線後就可以併用鏟子。

若從外觀上就能確認破損的位置還算好，若看不出來哪裡出問題，就只能預測堵塞位置，將管子割開確認。最容易堵塞的是分支的 T 字管部分，若地下埋有 T 字管，可將該部分割開確認。

若運氣好找到了堵塞位置，就可把髒東西清掉，用水將內部沖乾淨，重新連接管線。管線的修補可併用螺栓來連接新的管子，也可用木片、塑膠布、線或膠帶等修補破裂處。

管線的連接方式

以木工用小齒鋸或金屬鋸，就能輕鬆切斷鹽化塑膠管。接著用接著劑與連接用的接合管（通稱插座管）黏合。必須使用專用的接著劑（內附刷子可直接使用）。要塗上接著劑的位置必須先用布擦乾，以砂紙將指紋擦拭乾淨。在公母兩側塗上接著劑，用手壓緊。切口上若有不平整的突刺，會減損接合效果，最好先用砂紙或刀子磨平。

黑色塑膠管的接頭很貴，修補配管時又急需，若手邊沒有的話，可參考下頁圖示，用金屬管跟鐵絲來取代。

▼ 配管的修補

用手鋸就能輕鬆鋸斷鹽化塑膠管。照片中是木工用的鋸子，實際上以樹脂用或金屬用的鋸子會較適當。破損的水管一切開水就會流出來，必須備妥抹布。

→| |← 接合處

用彎管連接時，必須留下正確的接合用長度，否則會失敗。必須等到接合部徹底乾燥後再通水。鹽化塑膠管可重複使用，所以每次工程後可把多餘的管子留下來備用。

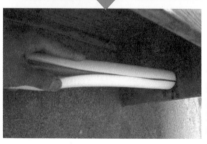

包上保溫管（樹脂製很柔軟）以防止凍結，外面再纏上專用的畫布膠帶來保護。

挖出舊管線,重新裝配時,
將水暫時堵住。

切斷管線與栓子

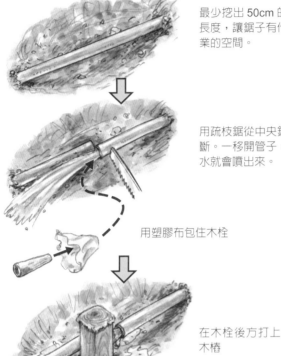

最少挖出 50cm 的
長度,讓鋸子有作
業的空間。

用疏枝鋸從中央鋸
斷。一移開管子,
水就會噴出來。

用塑膠布包住木栓

在木栓後方打上
木樁

◀用鐵絲補強栓子
有時舊的配管無法以接
著劑黏接,這時可用鐵
絲纏繞固定。若還是漏
水,可用繩子把破布、
塑膠袋等固定在外面。
也許是山泉水富含有
機質,所以一開始會漏
水,但通常一下子就止
住了。

水的問
題往往
發生的
很突然

管線的 應急連接裝置

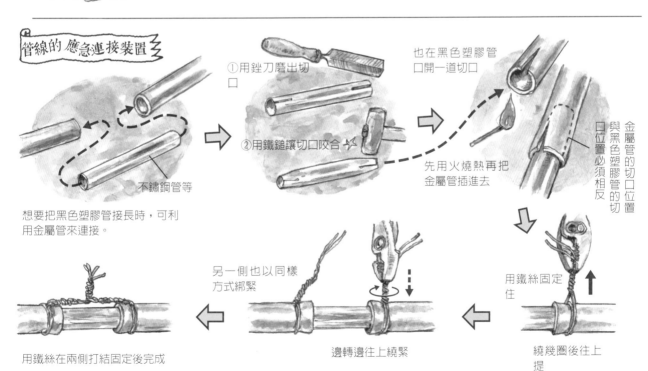

①用銼刀磨出切
口

②用鐵鎚讓切口咬合

也在黑色塑膠管
口開一道切口

先用火燒熱再把
金屬管插進去

金屬管的切口位置
與黑色塑膠管的切
口位置必須相反

不鏽鋼管等

想要把黑色塑膠管接長時,可利
用金屬管來連接。

用鐵絲固定
住

繞幾圈後往上
提

另一側也以同樣
方式綁緊

邊轉邊往上繞緊

用鐵絲在兩側打結固定後完成

7 將排水路視為動植物棲息地

在土地裡添加水的生態系

現代生活中，幾乎不在意排水（把水丟掉）這件事。看不見排水口通到哪，所以沒有什麼現實感，但與水有關的生物銳減，也是很大原因之一。在里山生活中，排水道是動植物的棲息地，由於牠們負有淨化水質的責任，所以會感到分外親近。因此對於要丟棄的水，也會特別留心。

只要有水，土地的自然環境就會產生劇烈變化，變得更加豐饒。是否了解無農藥有機田地，與在冬季也含水的「冬季水田」，有著多麼豐富的生物種類呢？若田地中有道小型的自然水路與河川連接，田地就是許多生物的搖籃。

從溪水引水，水會從儲水槽的溢流管流進土地。它們與來自建築物排雨管的雨水、廚房跟浴室的廢水匯流，就成為弘大的生態系。聚集在水系裡的動植物們，可淨化這些排出來的水。能夠看到土地中進行的淨化過程，也是里山生活中令人感到有趣且愉快的事情之一。

沖掉之前必須考慮的事

過往的農村人家，會在地上挖一個稱為「溜」的洞，先把廢水保存在裡面，乾淨的水排進河川裡。富含養分的廢水也會在溜裡沉澱，之後挖出留下來的泥土當作田地肥料。水中與泥土表面含有各式各樣生物（從水絲蚓到微生物），這些生物能在「溜」裡產生淨化作用。此外，天然水路中，也能供各種生物居住，水在水路裡流動的過程中，生物們就能淨化水質。

糞尿與廢水會分別處理，過去跟現在的處理方式也不相同。過去糞尿會被當成肥料，直接撒進田地，暫且不論味道或衛生問題，它們能夠受到土壤的淨化，成為植物的養分。現在則是從沖水馬桶跟著廢水一起排進下水道，或是自行集糞處理，送到污水處理廠。農村中則是用淨化槽處理，處理後的水直接排進河川。

現在的生活排水中不只含有養分，同時也含有許多抑制（殺死）淨化生物活動的化學物質。就這麼排進河川裡，會污染河川，即使流進污水處理廠，也會造成處理廠的負擔，因為污水處理廠主要是採用微生物來進行污水處理（生化處理法，具體來說是「活性污泥法」※）。

活化生物過濾機能

活化生物的過濾機能，必須注意以下三個排水重點。

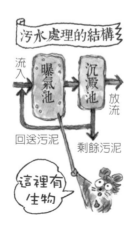

※ 微生物來進行污水處理（活性污泥法）……使用富含好氧性微生物（喜好氧氣的微生物）的污泥（看起來像諾羅病毒）在污水中進行循環處理。具體來說就是在污水中打進空氣。好氧性微生物會利用氧氣來吃掉髒污，並自然增生。必須定期處理這些增加的活性污泥。

水邊開了九輪草，還種了山葵。雖然水的管理很辛苦，但水邊的動植物們不僅填補了這種麻煩的情緒，還帶給我滿滿的感動。

1）**不使用含有毒性的化學清潔劑**……不使用含有毒性的合成清潔劑，因為那會殺死淨化生物。不光是清潔劑，洗髮精、牙膏、玻璃或廁所用的清潔劑等，通常都含有具毒性的界面活性劑。洗東西、洗衣服、洗澡時，盡量使用以天然油脂製成的肥皂。

然而，只要再更加留意，其實很多時候不需用到肥皂。廚房的油污，可用草木灰來解決。若是在野外，可用泥土或植物的葉子，而天然的布料比尼龍製的海綿塊更能輕鬆去除髒污，比如盤子上的油漬，雖然用布擦，布會被沾得油膩膩，但只要用水洗過，放置一段時間就能洗掉。有些東西能夠讓微生物進行自然分解，使用不含香料的肥皂，並且不過度使用，那些成分就能當作生物的食物，跟污水一起被生物分解掉。

2）**不排熱水**……熱水會殺死生物，所以需待冷卻後再排放。在排水道中使用樹脂製排雨管，水在流動過程中會稍微冷卻，因此洗澡水等就可使用此方式處理。

3）**先將富含養分的液體擦掉或倒進洞穴裡再排放**……首先必須做到的是，不要讓餐桌上的食物餘留下來。把味噌湯跟湯品都喝光、用麵包把盤子裡的咖哩沾起來吃掉，盡量不要做太油的料理。若必須丟棄含有液體的食物，就在地上挖個洞倒進去。炸東西的廢油可用舊報紙或破布沾起來，做成燃料使用，但燃燒時有可能會產生不好聞的味道，所以不適合用於地爐或火爐。只要下點工夫，用少量的油就能炸東西，而油最好在其他的料理上全都用掉。

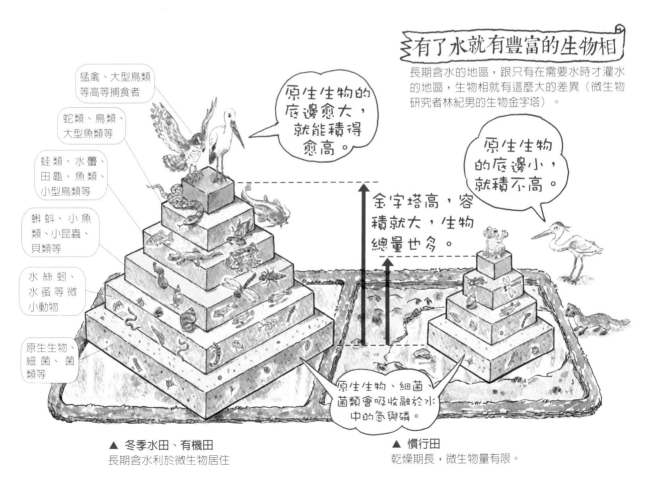

有了水就有豐富的生物相

長期含水的地區，跟只有在需要水時才灌水的地區，生物相就有這麼大的差異（微生物研究者林紀男的生物金字塔）。

猛禽、大型鳥類等高等捕食者

蛇類、鳥類、大型魚類等

蛙類、水黽、田龜、魚類、小型鳥類等

蝌蚪、小魚類、小昆蟲、貝類等

水絲蚓、水蚤等微小動物

原生生物、細菌、菌類等

原生生物的底邊愈大，就能積得愈高。

原生生物的底邊小，就積不高。

金字塔高，容積就大，生物總量也多。

原生生物、細菌、菌類會吸收融於水中的氮與磷。

▲ 冬季水田、有機田
長期含水利於微生物居住

▲ 慣行田
乾燥期長，微生物量有限。

8 打造排水路

基本的明渠

雖然暗渠很方便，但在豪雨時容易堵塞，堵塞的破壞力也很大。在里山生活中，我比較推薦使用明渠。若是從溪水引水，那就是將溢流管的水引到土地裡，若能夠在此處匯流，排水也會被稀釋。

若以這種促進生物淨化的方式來處理水源，明渠四周就能供濕生植物與昆蟲居住，不僅看起來開心，也能夠在那邊栽培食用或藥用植物。在通道或作業用地附近可使用暗渠，也可在明渠加上蓋子。

住家的排水孔必須加上金屬網（柵欄），以防老鼠入侵。住家附近的水路可用塑膠製的排雨管來替代，側面加上石砌以防止土石崩塌。另外，也可用板椿（下頁下方照片）。必要時，可使用分水來作出直線，並使用水平儀一邊調整傾斜度，一邊設置。

思考水路的傾斜度

傾斜度過大，水流就會過快，若帶有垃圾，就容易發生水溢流的情況。生物也不易居住，生物過濾也不容易進行，此時可設置落差（小型瀑布）來減緩傾斜度。有了落差，氧氣會溶於水中，也能活化那些淨化生物。

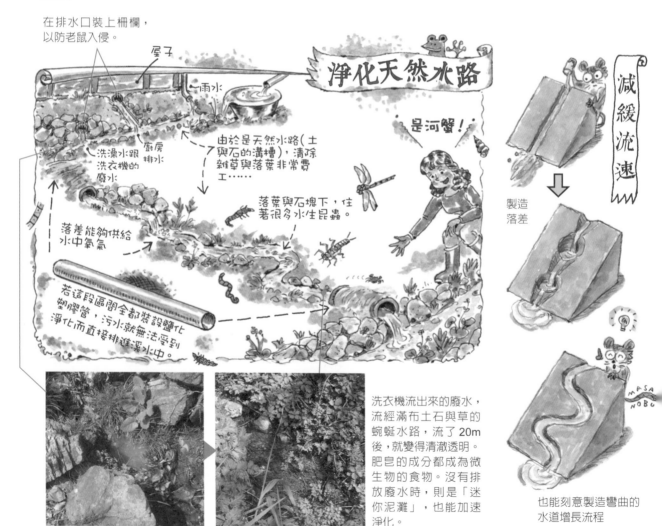

在排水口裝上柵欄，以防老鼠入侵。

淨化天然水路

是河蟹！

由於是天然水路（土與石的溝槽），清除雜草與落葉非常費工……

落葉與石塊下，住著很多水生昆蟲。

洗澡水跟洗衣機的廢水

廚房排水

落差能夠供給水中氧氣

若這段區間全都裝設塑膠管，污水就無法受到淨化而直接排進溪水中。

減緩流速

製造落差

也能刻意製造彎曲的水道增長流程

洗衣機流出來的廢水，流經滿布土石與草的蜿蜒水路，流了 20m 後，就變得清澈透明。肥皂的成分都成為微生物的食物。沒有排放廢水時，則是「迷你泥灘」，也能加速淨化。

9 水路的維護

天然水路的管理很費力

　　用石塊跟板樁製作水路，水就會接觸到土壤。跟完全使用混凝土或樹脂材質包覆住外層的水路比起來，前者的生物相豐富多了，但必須割草跟清除垃圾，進行日常的維護工作。日本山村裡的水路若擱置不理，夏天時草會繁茂生長，連水面都看不見，若不處理，水路就會被草堵住，水路底部也會積滿泥濘，因此必須進行割草、將泥濘落葉等垃圾都撈起來、補強堤防等作業。

　　天然水路的管理很費工夫，這也是日本的水路幾乎都變成了混凝土製的原因之一。但反過來說，只要不惜花費這樣的工夫，就能迅速使自然恢復原貌。水與水的周遭環境，會成為昆蟲與植物們的寶庫。

自家土地中的舊水路是石造的護岸。提防上種了一排梅樹，每年都會有許多果實掉進水路裡。後面的新水路是混凝土。每次整理這兩個水路時，都讓我有許多領悟。

除草的訣竅

　　水路周圍的草生長繁盛，所以必須定期除草。把有用的植物保留下來，並將想要增加的植物四周選擇性割除。我的土地上有山葵、九輪草、款冬，河蟹會在這些植物的空隙中漫步。如果九輪草生長得過於繁茂，就必須適度拔除。

用樹根來補強堤防

　　在水路周遭種植樹木，樹根會伸展開來，不僅能夠補強提防，也能遮蔽日光，減緩雜草生長的態勢。在養蠶業興盛的群馬縣，會在斜坡上種植大量桑樹以抓住土壤，稱為「dodome」（擋土的意思）。若種有梅樹或柿子樹，割下來的草跟泥土就能直接當成果樹的肥料。

▼ 樹脂製的田埂用浪板來製造田間水路

拉水線確定高度與直線後挖掘洞穴，將壁面聯結起來，兩側用壓平器充分碾壓。

製作符合水路寬度的木板，把它們當作尺，以木板靠著一側壁面，再順著木板將另一側的壁面立起來。

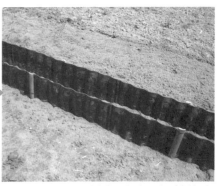

用水平儀統一兩側壁面高度。在外側打上竹樁，以防止壁面被土或水壓倒。

10 充實水路中的生物

混凝土水路中也有生物

若本來就有混凝土的水路，接著就介紹多少能夠改變生物生活環境的方法。

在水路底部設置一段疏伐材，製造出高低差。該處成為緩衝地帶，流路就會有所變化，成為生物的休憩場所。用大石塊擋住木條，周遭就會堆積出腐葉土的泥島，能夠在那裡栽種豆苗。

如果青蛙或蛇類掉進混凝土的水路裡，會因為爬不上去而死掉。最好在固定的區段加上蓋子，做成動物的通道，或設置「爬行坡道」。

設置小規模魚道

若土地中的排水道與既存的溪流（河川）間有很大落差時，就無法將棲息在河川中的生物帶進來。為解決此問題，可設置小規模的魚道，聯結這兩個水系。

為了聯結田地與水路裡的生物，研究開發出魚道，像是利用市售的「深度計」、「電纜線管」，或木製的「千鳥×型」等，雖然尚未商品化，在各地都有人使用杉木板或金屬板自製魚道，且成果顯著。

這樣就可以了嗎？也許會讓人不禁懷疑，但生物對於有食物的地方以及水溫變化都很敏感，所以即便是稍微有點斜度的地方（十度左右），也會使勁游上去。

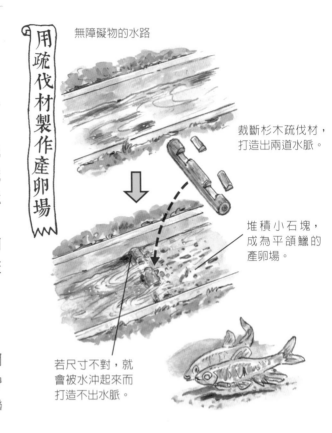

用疏伐材製作產卵場

無障礙物的水路

裁斷杉木疏伐材，打造出兩道水脈。

堆積小石塊，成為平頜鱲的產卵場。

若尺寸不對，就會被水沖起來而打造不出水脈。

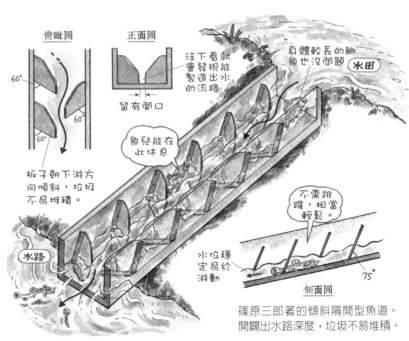

與水系聯結的小型魚道

俯瞰圖

正面圖

往下看就會發現能製造出水的流路

留有開口

60°

60°

60°

板子朝下游方向傾斜，垃圾不易堆積。

魚兒能在此休息

身體較長的鯽魚也沒問題

水田

不需跳躍，相當輕鬆。

水位穩定易於游動

水路

水位穩定易於游動

75°

側面圖

篠原三郎著的傾斜隔間型魚道。開闢出水路深度，垃圾不易堆積。

在城市裡更應該使用水井

「每次經過錦時，都會聞到水的味道」
——京都的廚房錦小路，在東京的話就是築地市場，過去這些地方會湧出清冽的地下水，適於儲存漁獲。也由於這邊需要用水，所以會鋪上石板路。

「夏季時，會用井水冰鎮西瓜、麥茶、蘇打飲料。把它們裝進網袋裡，垂放到井水中，真的就能透心涼。煮好的茄子或米飯，全都在水井裡面。此外，如果不用井水清洗鯛魚，肉質就會不彈牙，冰水根本就比不上井水。」
（《冬季的廚房》大村重／冬樹社）

我是在茨城水戶的都市中長大，但也一樣有著對於水井的記憶。用手喀啦喀啦地把水桶拉上來，這麼做就能讓人體會到水是多麼寶貴的東西。在高度成長期後，幾乎都換成了電動汲水，水井的蓋子就這麼永遠地蓋上。室內裝了水龍頭，供水配備逐漸完備，也就漸漸不使用井水了。

「近年來，使用井水的人家愈來愈少。不知道是因為附近蓋大樓，阻斷水脈，還是因為大樓抽取地下水來降溫，總之，井水乾涸了。即使用幫浦也抽不出水來。做家事時，沒有什麼水能夠比得上井水。無論是清洗還是清掃，冬天時水很溫暖，夏天時井水無比沁涼，最重要的是還相當美味」（同書）

地下水最能對付枯水期。山的扇形土地實際上就像一座巨大的「地下水庫」，山脈之國日本國內就有無數個這種場所。而能夠使用井水，是在承受許多恩惠的條件下才能實現的，

而且也能應對災害的發生。舉例來說，從水庫引水，是將管線延伸到都市，再從淨水廠配管到各家用戶。只要其中有個地方破裂，水就無法送達。此外，不要忘了水庫與淨水廠的管理，會大量用電。

雖說是地下水，最近到九州旅行時，聽說熊本市水前寺公園的湧水銳減話題，而當地明明就有來自阿蘇山豐富的地下水。我問了清掃公園的老伯伯，他斷然地說「來自阿蘇山的水脈間建造了許多大型建築物，再加上郊外的店鋪跟道路無計畫建造，導致此結果」。

我雖展開里山生活，但在這四年間，為了取材跑遍全國，大約走了五萬公里。其中令我感到驚訝的是，無論身何處，都有許多大型的郊外店鋪，而且深夜有非常多的運輸卡車。

* * *

「正是由於在都市中，井水才會更美味」—— 大村重先生的小品文最後寫下這樣的結論。無需贅言，那些水的源頭就是來自森林。

如果住在山裡，考慮到下游的水井，必須非常注意「排水的品質」。只要許多人都徹底實踐，這些「品質高的污水」中的成分，就能在河川與海洋匯流的汽水域中，培養出豐富且乾淨的魚貝類（蛤蠣、蛤仔等 —— 取得容易且營養價值高）。

11 廁所的廢棄物處理

山村中的排泄物處理

　　大多數的山村沒有公共下水道。在人口密度低的山村裡，埋設污水管線、將污水引導至污水處理廠，太過浪費且不符合現況，也無需這麼做。最近開始會使用淨化槽，但大多是採自行汲取式，將生活中的排水排入溪中。若使用汲取式廁所，但位在車輛無法靠近的地方，或是住進距離車道有段距離的舊房子，就必須自己處理了。

　　我們家就是這情況，然後利用鋸屑做成的堆肥式廁所（旱廁），雖然知道有一種方法是在地面下埋設管線，促進生物淨化來養肥土壤，但因為建築物靠近石牆，挖掘時會碰到石塊，所以還是決定在離住宅有點距離的地方挖洞處理會較妥當。

　　糞尿在過去被稱為「金肥」，是相當貴重的肥料，群馬縣近郊的農家們還會買賣金肥，將它們與蠶糞混合，擺放半年後用作田地的肥料。現在則有許多人對於將這種肥料撒進農田裡懷有抗拒感。不僅是氣味問題，現代生吃蔬菜的機會很多，所以在衛生層面上也令人不安。此外，採用免耕、無肥料的自然農業時，就不會使用含有過量氮的肥料了。

淺洞穴能夠活化微生物

　　過去會把糞尿當成肥料使用，若讓它們這麼滲透到土壤就太浪費了，所以會儲存起來進行厭氧性發酵，但如果不使用的話也就無須這麼做，只要打造出適合好氧性微生物活動的環境即可。好氧性做法分解得比較快，氣味也較淡，只需挖一個淺淺的洞（因為微生物大多存活於表土），然後放進一些表面積較大的木質材料，作為微生物的附著材。

　　首先是處理洞穴位置，必須挑選離家或離溪水較遠的地方。若自家土地中有田地，可在田地

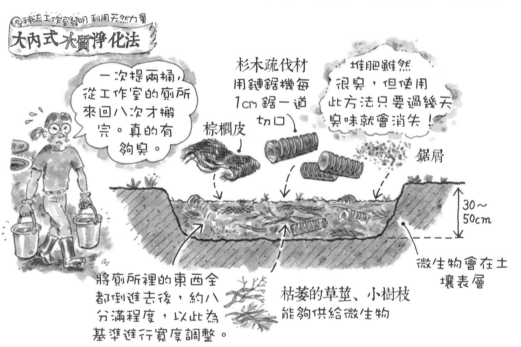

神流工作室發明 利用天然力量
大內式水質淨化法

一次提兩桶，從工作室的廁所來回八次才搬完。真的有夠臭。

杉木疏伐材用鏈鋸機每1cm鋸一道切口

堆肥雖然很臭，但使用此方法只要過幾天臭味就會消失！

棕櫚皮

鋸屑

30～50cm

將廁所裡的東西全都倒進去後，約八分滿程度，以此為基準進行寬度調整。

枯萎的草莖、小樹枝能夠供給微生物

微生物會在土壤表層

在淺且寬的洞穴裡放入鋸屑與表面積大的木片、棕櫚葉或枯葉、草莖等，重點是必須在溫暖的地方。

裡挑一塊日照良好，靠近石牆的位置，在那裡挖出一個深30cm左右的淺洞穴。長寬約2cm×1cm的長方形，在裡頭放些細小且表面積大的木質材料，最好是本身不易自行分解的東西。具體來說，像是將杉木的疏伐材用鏈鋸機每隔1cm鋸個切口，還有鋸屑跟棕櫚皮也一起丟進去。另外還要放進能提供微生物的東西，像是枯萎的草莖與小樹枝。接著用桶子把糞尿搬過來倒進洞裡，滿了之後用浪板或木板蓋上，壓上石塊以免被風吹走。

糞尿的水分會滲進土壤，剩下來的則會被木質的附著材（過濾材）吸附，並被好氧性微生物分解。若是在夏天，幾天後味道就會消失，具有淨化效果，而在冬天，由於接近石牆的土壤溫度較高，較易分解。然而，用於廁所的紙張並不容易分解，所以要另外收集，燃燒處理。

把無臭的污泥當作肥料使用

洞穴使用幾次後，污泥會附著在裡面，使水分不易浸透，這時，在倒入糞尿前必須先將附著材的木質材料挖出，用鏟子將上面的泥土挖掉，然後重新放回洞裡，並追加一些鋸屑、枯萎的草莖跟樹枝等，如此一來就能重複使用。

取出來的泥土完全沒有不好的氣味，就跟一般泥土一樣。將它們當作田地的肥料（生食蔬果外的田地，例如麥子、玉蜀黍、根莖類等）應該也無問題。此外，若是自家土地，也可將這些土倒在石牆底下或頂端，作為其他生物循環結構的一部分。

使用合併淨化槽

若無論如何都想安裝沖水馬桶，就必須設置淨化槽，平成十三年修訂的法律中禁止新設「單獨淨化槽」。那原本是作為下水道完工前的暫時性設備，排水基準在BOD99ppm以下，污染性高性能也差，所以現在設置的是能夠同時處理糞尿與廢水的「合併淨化槽」。排水基準在20ppm以

下，其中還有像石井式（※1）一樣，能夠將糞尿污水淨化成像溪流的清水般（1ppm以下）的淨化槽。

設置時幾乎都有鄉鎮提供資金補助，有些自治單位還會提供補助金，讓住戶將單獨淨化槽改為合併淨化槽。

基本上淨化槽是由微生物進行淨化處理，不同的機種或持有者的使用管理方式都會影響處理能力。所需支付的費用包含曝氣時的電費，以及定期檢查、清掃的費用（在《合併淨化槽入門》本間都、坪井直子著／北斗出版一書中，詳細記載自行檢查的方法）。此外，即便是性能佳的淨化槽，也有義務在排水中加入消毒藥劑，將這些廢水排放進山村的清流中，總覺得非常抱歉。

使用旱廁

若不想使用汲取式廁所或自家處理的廁所，那就利用鋸屑來做成旱廁（※2）。將糞尿混入鋸屑中，加溫並進行渦捲式攪拌，好氧性微生物就會進行分解與乾燥，最後變成粉狀物質，就可以倒回土壤中回歸大地。由於不需使用水與配管，相當適用於容易取得鋸屑的山村中，但現在尚未獲得地方自治單位的補助。

※1 石井式……第一工業大學的石井勳教授們研究開發出來，使用「把底部割開的空養樂多罐」來當成過濾材料，能將水質處理到BOD1ppm以下，具有非常優秀的性能，而且產生的污泥也不多，易於維持與管理。

※2 使用鋸屑的旱廁……商品名為「Bio -Toilet」。製造販賣商為正和電工（有限公司）http://www.seiwa-denko.co.jp/

「里山生活」中所見的供水道與污水道

在關東某縣的山間，有條眾所皆知的清流N川。它的支流沿岸有排木屋風住宅，朋友的事務所就位在那排住宅的最下游。他說上游數戶人家排放的廢水充滿了清潔劑，順著鹽化塑膠管排放出來，真的很臭。

「尤其是冬天，從傍晚到早上這段時間最嚴重！流到下游就變成臭水溝了……」

那位朋友也很關心環境問題，會使用最少量的肥皂，所以合併淨化槽排水口周遭的石牆邊植物繁盛（只有他家的排水口是獨立的）。

全部的住戶應該「具備水道跟淨化槽」，但為什麼只有這幾棟會發生此情況呢？來自國營水道的水，使用大量的氯來殺菌。而那些住戶以都市居民的感覺嘩啦嘩啦地使用了那些水，而且含有洗髮精、化妝品、洗衣精、洗碗精，根本就是化學合成物品大遊行。這些廢水跟沖水馬桶裡的糞尿混合一起流進淨化槽。我想淨化槽裡的微生物應該都是瀕死狀態，淨化功能也差不多要爆炸了（※1）。

而在這條溪流的上游還有民宅，溪水流到這幾棟問題住戶時都還很乾淨。上游的住戶們不是使用國營供水（使用山泉水），廁所當然也是採用汲取式。水溝邊也長滿漂亮的植物。

據那位朋友觀察，在沒有國營供水的山間地區，即使都市裡的人住進小木屋，溪流依然清澈。不知道是不是因為意識到用的是「來自山裡的水」，所以使用方式比較有節操，或是氯這個東西，會殺死那麼多的生物（※2）。

所以他的結論是「國營供水＋淨化槽＋環保意識低的居民＝臭水溝河川」

為維持這種市民生活，而產生「增設水庫」的藉口……。

※1. 淨化槽的性能

淨化槽基本上是使用微生物來進行淨化，注入的水質穩定，就沒有什麼問題，但若一下濃一下淡，有著極端的變化（現代的家庭通常都是這種情況），微生物就會無法應對。此外，若是含有化學清潔劑或藥劑，會影響微生物的增生，污水處理的能力也會跟著降低。現在很多家庭仍然使用具有生物毒性的合成清潔劑，而在某個住宅區域，實驗性地讓全部住戶改用粉狀肥皂，結果使污水處理廠的經費減少了三成（《天然方式的肥皂讀本》森田光德／農文協出版 p.130）。在都市近郊的農地與村落，這類需要適度保持平衡的地方，應該最適合使用淨化槽。適切使用品質好的淨化槽，並且匯聚那些排水，讓它們形成「天然水路」，也有機會打造出日本鰍魚跟平頷鱲在水中悠游、平家螢火蟲飛繞的「新河川」。這麼一來，河川的源頭就是你的家。

※2. 氯化殺菌

根據中本信忠著《生飲美味的自來水》（築地書館）中提到，戰前的日本不會使用化學處理，而是使用砂池與自然微生物來進行「慢速過濾法」，這種淨水廠在全國有超過一萬個，淨化後的水與水井的水，幾乎供應所有的飲用水與生活用水。現在主流的「急速過濾處理」，是戰後在進駐軍的監視下強制執行，將固態化學物質投入混濁的水中，為加速沉澱，必須使用機械裝備。我（大內）以前在設計諮詢時，曾經參與淨水廠的設計，那些推銷機械裝備的企業，氣勢跟價格都很驚人。看到那些企業的推銷方式，就不難想像為什麼無法從「急速過濾」重回「慢速過濾」（不需使用機械跟藥物）。「慢速過濾處理」會用到水中藻類、砂中微生物等來淨化水質。由於生物活躍，所以能夠去除細菌跟病毒。相較於此，「急速過濾處理」無法去除微生物跟殺死細菌，所以要使用氯。現行的水質法規中規定，殘留水中作為消毒、殺菌劑使用的氯，「一公升中需含有 0.1mg」（所以慢速過濾才會需要使用氯），卻無規定殘留氯含量的上限。所以如果取水源不乾淨，通常就會使用大量的氯。

第 4 章
建造小屋

嘗試用杉木、檜木的疏伐材來建造能當成穀倉、工具室,或是輕型卡車停車場的「掘立柱小屋」。所謂的「掘立柱建物」就是直接把樹幹立在土洞裡。建造小屋過程中,會逐漸了解並學會活用木材,甚至了解樹幹的構造力學、防雨設施、剝樹皮、削鑿、釘釘子、拔釘子、用篠來綑綁鐵絲等使用木材的具體技術,也能從中發現使用木頭、土壤、石頭進行古民宅的維護與再生技巧。

MASA NOBU

1 了解小屋構造

最適用杉木、檜木等疏伐材的工法

　　山村中經常看到具單斜式屋頂的「掘立柱小屋」，作為擺放田地工事的用具、輕型卡車的車庫、放東西的小屋等用途。在山村裡，樹幹是很容易入手的材料，利用它來組合，並使用最少量的工具，一個人也能搭建掘立柱小屋。

　　下方照片中的小屋，是至先生在二十年前自行搭建的，實際上比看起來還要堅固，應該還可用上很長一段時間，就算拆掉解體，木材也能作為柴薪，浪板則可安置戶外堆放柴薪或廢材的地方，作為擋雨或防範野豬入侵用的柵欄。

　　杉木、檜木的樹幹又直又輕，不僅加工容易且很堅固，可說是最適合使用此工法的素材，不妨利用它們的疏伐材來搭建掘立柱小屋。

獨立的柱子很堅固

　　所謂的「掘立」，就是將柱子埋進地面下的工法。由於柱子本身固定住且獨自站立，所以只要將桁條架在柱子上，就能搭建屋子骨架，再用鐵絲固定桁條上的木棰，即完成既簡單又堅固的木屋構造。

　　埋在地底的部分雖容易腐壞，但若是在通風良好的地方，就能避免受到白蟻侵蝕，柱子的腐壞速度也會減緩，也可用耐得了腐蝕的日本栗或檜葉等材質的樹幹來搭建住宅。國外很流行這種

▲建造二十年的掘立柱小屋　屋頂朝著出入口傾斜。背面接近石牆，側面被田地的土壤埋住，還能撐很久。

▲小屋（寬3.2m，深3.4m）　停了一輛輕型卡車後還有多餘空間，因此在壁面裝上架子。

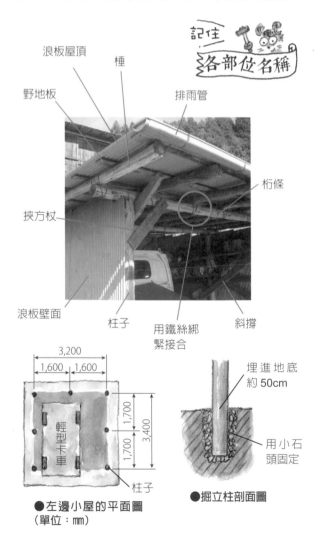

記住　各部位名稱

浪板屋頂　棰　排雨管　野地板　桁條　挾方杖　柱子　用鐵絲綁緊接合　斜撐　浪板壁面

●左邊小屋的平面圖（單位：mm）

3,200　1,600　1,600　3,400　1,700　1,700　輕型卡車　柱子

●掘立柱剖面圖

埋進地底約50cm　用小石頭固定

自行搭建，稱爲「paul building」的住宅。

了解樹幹強度與簡易接合

未經製材的樹幹其纖維並未被切斷，強度強，彎曲也很少，因此若粗細看起來差不多，樹幹的強度遠勝於角材。實際上，山村中的確很多老民宅會使用樹幹來作爲屋梁。

那麼，爲何現今直接採用樹幹來作爲建材的情況減少了呢？那是因爲角材能正確且快速地接合，以結果論斷，其花費較低，然而其實掘立柱小屋也不需要那樣精準。

穀倉的屋樑上能清楚看見木材的扭轉紋路，由於纖維並未被切斷，所以很堅固。

1）柱子前端鋸成 V 字形，將桁條架上去。
2）木材的直角接合處，用「鐵絲」綑綁固定。

以這種簡易的工法來突破接合這道難關，即使是外行人也能輕鬆完成。

在將疏伐材用於踏台的時代裡，經常會看到使用鐵絲將木材綁緊固定。由於它簡便、堅固，在現代的土木工程中也常以此來暫時固定建材。木材接合時也可用電鑽在樹幹中央開洞，再以螺栓跟螺母固定（下圖）。

▲群馬縣高崎市的「高崎哲學堂」（舊井上宅）　使用細杉木樹幹搭建而成的住宅建築，多用螺栓接合，部分夾有圓木的桁架結構。

傾斜式浪板屋頂

在山村裡，小屋的屋頂多爲簡單的「單斜式」（雨水會朝一個方向流），通常使用「浪板」作爲素材。浪板輕巧且不易彎翹，價格也很便宜。單斜式屋頂的傾斜度如果太大，就會造成空間上的浪費，比例也不好。即便屋頂的傾斜度和緩，只要能讓雨水順暢流過，就是適用於單斜式屋頂的素材。

補強材

由於柱子能獨自站立，所以掘立柱小屋並不太需要額外補強建築構造，但在柱子跟桁條的接合處，一定要以金屬的「U 字釘」來固定。此外，可視情況加上「斜撐」跟「挾方杖」等補強材。

斜撐是在柱子間，用厚木板傾斜固定住的補強材，所以當強風或地震造成屋子橫向搖晃時，斜撐能夠防止建築物變形。挾方杖是固定在柱子跟桁條下方，除能夠對抗屋子歪斜，還能將桁條的載重移轉到柱子上，有效對抗積雪的重量，也可作爲 U 字釘的補強。

這兩者都是當地面下的柱子腐壞時才發揮作用，若將建築物固定住就會失其柔軟性，超過承載的限度而導致斜撐損壞時，其反動將會使建築物瞬間崩塌。務必記住，不是有斜撐跟挾方杖的建築物就絕對不會崩壞。

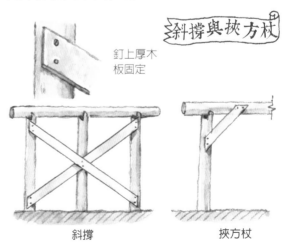

斜撐與挾方杖

釘上厚木板固定

斜撐　　　　　挾方杖

2 各部位素材與加工

挑選柱子的素材

作為柱子的素材必須不易腐蝕且持久耐用（還要具備強度），所以與其使用杉木，最好還是使用檜木樹幹。其他部位像是桁條、榫跟野地板，用杉木或檜木皆可（杉木材更適合作為屋子高處的建材）。而為了不被蟲蛀，必須將樹幹的樹皮剝除。剝樹皮是相當費力的勞動，只要使用經剝皮枯萎法處理的木材（p.33），就能省略這道手續，而且樹幹也乾燥完成，非常方便。

埋進泥土中的部分，表面須經燃燒炭化與防腐處理（後述）。

桁條的功能與形狀

將柱子前端切成V形，然後架上桁條。桁條是用來承載屋頂重量，所以不要使用有樹洞或蟲蛀嚴重等容易斷裂的木材。此外，凹凸不平跟彎曲的木材也不適用。若架在上面的桁條高低不平，屋頂也無法鋪得很平整。最好使用品質好、筆直完整（頭尾粗細差不多）的木材。

固定榫

用於榫的樹幹，最好使用末端較細的杉木或檜木。在現代林業中，這一段木材通常會被直接

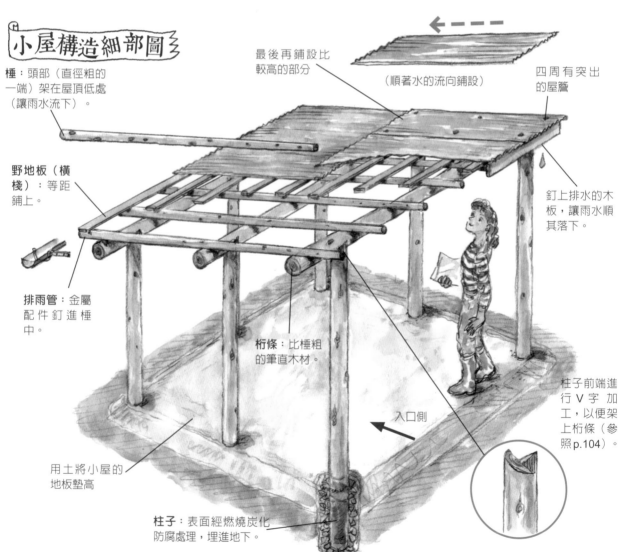

小屋構造細部圖

榫：頭部（直徑粗的一端）架在屋頂低處（讓雨水流下）。

最後再鋪設比較高的部分

（順著水的流向鋪設）

四周有突出的屋簷

野地板（橫棧）：等距鋪上。

釘上排水的木板，讓雨水順其落下。

排雨管：金屬配件釘進榫中。

桁條：比榫粗的筆直木材。

柱子前端進行V字加工，以便架上桁條（參照p.104）。

入口側

用土將小屋的地板墊高

柱子：表面經燃燒炭化防腐處理，埋進地下。

丟棄在作業現場。比柱子跟桁條細 4 ～ 5cm 的木材最為適切，且不要使用彎曲木材。由於桷有好幾條，所以最好在決定要搭建小屋時，就開始採伐適用的木材。這些末端的木材，只要不嫌麻煩地將樹皮剝除，就可以利用在許多地方，建議平時就儲存起來備用。若有很多相同規格的廢棄材料與角材，可直接拿來利用。

桷的頭尾兩端粗細非常不同。直徑較粗的架在屋頂低處，如此一來便於在上面裝設排雨管等金屬裝置。而柱子的間隔如果太大，桷就容易彎曲，此時可使用較粗的木材做成桷，或在中央加上一列柱子、桁條，以防範桷彎曲。

野地板（橫棧）

使用 100mm 寬、12 ～ 15mm 厚的小幅板。可採用第一章介紹的方法來將樹幹製成木板。若在廢棄材料中有適當的木板，也可直接拿來利用。如果想要省事，可到家居生活館等賣場購買杉木製的野地板（厚 12mm、寬 105mm、長 1820mm 的野地板成束販售，一坪 17 片約 1300 日圓），將它們等距釘到桷上。

屋頂的形狀與素材

單斜式屋頂的優點是施工簡單，不會浪費材料（也可根據素材規格，來決定建築物尺寸，以減少材料浪費），且只有一側需裝設排雨管。由於屋頂沒有折面，若要利於排雨，頂點就要高，但不是很美觀；要是傾斜度平緩，排雨功能又不佳；若是一般的瓦片屋頂，則容易漏雨。關於這點，建議可使用浪板，其排雨功能佳，縱使傾斜度平緩也能達到功效。

浪板有金屬製（無花紋或彩色的鐵皮）跟樹脂製（聚碳酸酯）。金屬製較為耐用，樹脂製則能夠透光，小屋內較為明亮。由於屋頂需要承受風壓，所以在釘野地板時，要使用不易鬆脫的螺絲釘。進行安裝浪板作業時，要在釘孔使用專用的「傘釘」，以防止雨水流入（詳細後述）。

如果堅持使用天然素材，那麼鋪上杉木樹皮也別有趣味。將野地板不留空隙釘好，再貼上經防水加工的底材，然後鋪上杉樹皮，最後壓上竹片跟石塊。如此一來即使是單斜式屋頂，看起來也是非常漂亮的建築物。杉樹皮本身不防水，卻禁得起紫外線。現在能夠輕易買到防水性佳又耐腐蝕的底材，所以用杉樹皮來當成紫外線防護膜

傘釘

左邊是鐵皮浪板，上塗料後稱為「彩色鐵皮」，8 尺（240cm）一張約 1000 日圓。右邊是半透明的樹脂製浪板，以專用的傘釘固定在野地板上。

也非常有趣。杉樹皮存放久了會乾燥變硬，為便於施工，可在鋪設前先泡水讓它變軟。

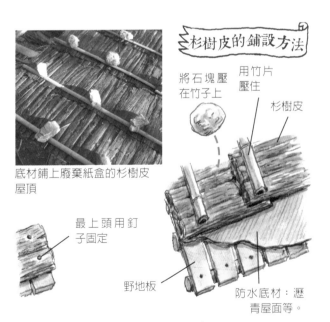

底材鋪上廢棄紙盒的杉樹皮屋頂

杉樹皮的鋪設方法

將石塊壓在竹子上　用竹片壓住

杉樹皮

最上頭用釘子固定

野地板

防水底材：瀝青屋面等。

牆壁與地板

柴薪堆放場或石窯的遮雨棚跟小亭子，就不需搭牆壁，但有了牆壁，能使建築物更加堅固。

在柱子上，橫向釘上小樹幹或厚木板，然後將壁面固定在上面。壁面的素材種類很多，但通常使用浪板或木板，也可用廢棄材料或舊門板，在房屋解體現場可找到鋁製門板。必須留意的是若過於沒有秩序，看起來就會雜亂無章。

對使用山中素材而言，土牆是最出色的一種。雖然很費工，但技術並不困難，請務必嘗試一次看看。（請參照 p.111）。

鋪地板時也是先把小樹幹或厚木板釘在柱子上，再將地板順著木板固定住。使用遮泥板是相當簡單的方法。

▲四周裝上牆壁，側面安裝門板的倉庫　雨水能從後面的道路那一側自然排掉，所以沒有安裝排雨管。在棟前面裝上排水板以防止雨水流入建築物。

◀內部　從中間柱子釘上厚木板，釘好合頁後裝上門板。

3 防雨方式與建地選擇

漏雨跟雨水飛濺會傷害木造建築

接下來，在搭造建物前，簡單分析一下雨水與建物間的關係。日本夏季高溫多雨，漏雨或雨水飛濺都會讓木造建物變得脆弱。

如果屋頂漏雨，會打濕野地板跟椽，並蔓延到桁條跟柱子。有壁面的建築物內部照不到陽光，通風也不好，濕氣會囤積在室內而不易乾燥，造成木頭腐蝕。

此外，若沒有安裝排雨管，雨水就會從屋頂

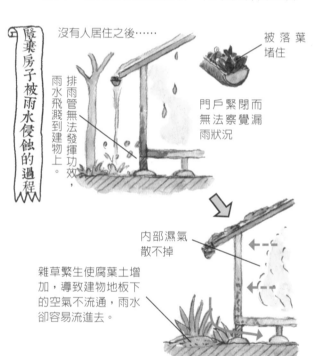

廢棄房子被雨水侵蝕的過程

沒有人居住之後……

排雨管無法發揮功效，雨水飛濺到建物上。

被落葉堵住

門戶緊閉而無法察覺漏雨狀況

內部濕氣散不掉

雜草繁生使腐葉土增加，導致建物地板下的空氣不流通，雨水卻容易流進去。

直接流下，飛濺到壁面跟柱子上。如果日照跟通風狀況不佳，根本就不會乾燥，成為腐蝕的原因。但就算有裝排雨管，如果被落葉塞住，也會有相同結果。蓋得好的木造建築物能維持 100 ～ 200 年，是因為它們不僅不會漏雨，地板下的通風也非常良好，而且一直都有人居住。

防止雨水侵入，對抗濕氣的策略

因此，以排雨管將屋頂上的雨水匯集到一處

排掉，對多雨的日本而言非常重要，然而以往的住宅並無「排雨管」設計，而是在房屋四周地面鋪設砂礫或圓石，以緩和水珠落下的衝擊，或在房屋基礎周圍鋪上石頭、建構混凝土平台，這塊沒有草木生長的小走道，稱爲「犬走」。現代住宅也會採用此法，然而在此之前，加長屋簷以保護建物免於雨水侵害，是最基本且重要的做法。

雨水是由上往下流，屋頂素材或壁材的接合部位，必須將位在高處的建材覆蓋在低處建材上方。若是單斜式屋頂，則有可能水會流到屋頂內側及室內，這時可如右圖所示，在桎的前端釘上排水板引導水往下流動。

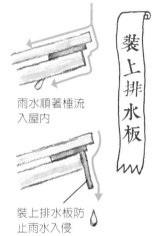

雨水順著桎流入屋內

裝上排水板防止雨水入侵

裝上排水板

若建物四周地面與建物內部一樣高，一旦雨量超越土壤所能吸收的限度，雨水就會無處可去，滯留在土地。這時可在建物四周挖掘溝渠，再用那些挖出來的土壤將建物地面墊高，接著使用鏟子或鋤頭挖掘水路，引導溝渠中的水順暢流動。

另外，修剪建物周圍的樹木、除草等，都有助於防止濕氣。尤其是如果地板下方通風良好，就益於乾燥，能使建物的基座跟柱子更加持久耐用。基座附近若長了草，最好將它們拔除。

至於建物內部防範濕氣的方法，以往日本住宅會設置許多開口處，若是日照良好的房子，天氣晴朗時會把窗戶跟隔間門都打開，以讓室內保持通風，利於乾燥。日常生活中則會使用地爐，有助於室內乾燥。

若建物設有開口，通風就會良好，不會濕熱，雖然不需擔心輕微的漏雨情況，但若是位在傾斜的地面上，就必須注意雨水流向，以及水從屋頂流下來的流向。

建造位置與屋頂方向

在里山生活中，能夠建造小屋的場所通常會有所限制，首先當然必須避開風直吹，或沿著溪流易受水害、崩壞等位置，最好也不要蓋在大樹下，因爲進行落葉或修剪樹枝等作業時，容易傷到建物。此外，日照不良的地方建物不易乾燥，柱身容易腐蝕。雨後容易積水的地方也易導致柱子腐壞，可用土壤將建築物墊高，或在四周挖掘溝渠以利排水。若是在草地上，可將建物的建造地與周圍的草拔除，小屋內部與屋簷下則可用鋤頭把土挖起來，將草連根挖除。

若是單斜式屋頂，最好將入口設在屋頂較高的那一面，但假使屋後有石牆，雨水就會集中到該位置，所以入口要設在屋頂較矮的那面（下圖B），並在石牆那側的屋簷裝上排雨管，將雨水集中到小屋前（下圖A）。

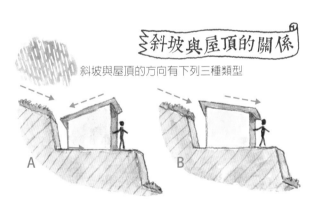

斜坡與屋頂的關係

斜坡與屋頂的方向有下列三種類型

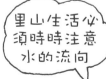

A 斜坡與屋頂的雨水匯集到小屋後方，此時需安裝排雨管將雨水引導到前方。

B 屋頂上的雨水流往小屋前方，所以不需排雨管，開口處位在壁面矮的那面較不方便。

C 斜坡跟屋頂呈直角範例。雖不需排雨管，但水容易流入室內。

里山生活必須時時注意水的流向

4 材料長度、數量計算 —— 畫出簡單圖面

數量計算與建材準備

那麼就來建造小屋吧！首先繪製簡單的設計圖，計算出柱子跟桁條等建材的長度跟數量。平面定下來後，自然就會知道桁條跟棰的長度了。柱子的尺寸是決定於屋頂的傾斜度（※1）跟跨度。短柱約是「不要碰到頭就好」，長柱則是「把手伸直能夠將桁條架上柱頭」的高度，如此一來作為車庫或倉庫都很方便，也易於施工。這裡的短柱若設定 1800mm，就能計算出全部的柱長。

以屋頂傾斜度與跨度來計算柱長

若屋頂的傾斜度為 2 寸，跨度為 3500mm 時，公式則為 3500×0.2，兩端柱子的高度差為 700mm。

埋在地面下的長度約為 500mm，所以 1800+500=2300mm 便是短柱的長度，長柱則為 2300+700=3000mm。若中間要再立一根柱子，就取平均值 2650mm。此外，如果樹幹較粗的那端架在屋頂下側，直徑的差就會影響屋頂傾斜度，必須將這點也考慮進去。

計算桁條、棰的數量

使用尺（三角比例尺等）來繪製設計圖，並計算建材數量是最基本的設計方法，但在建造掘立柱小屋時，最好是拿著素描圖，到現場目測實際狀況來決定長度，此做法能讓建物跟周遭環境融合，但還是要先畫出素描，掌握建物外形。

桁條跟棰 用平面圖來決定四根柱子的位置與 A、B 兩邊的長度。突出的屋簷約為 50 ～ 60cm，如果靠近石牆，屋簷就要縮短一點，以免碰到石牆。四邊突出 50cm 的屋簷，柱子的跨度 A 為 50cm×2=100cm，則為桁條的長度。棰為 B 加上 100cm，但由於有傾斜度，所以需稍微加長。若棰跟棰間隔 50 ～ 60cm，就能以桁條的長度來計算出棰的數量。

橫棧 野地板（橫棧）的鋪設需特別留意，浪板的長邊重疊兩層以上時（右頁圖），重疊處的下方一定要鋪有野地板。若非如此，雨水就會從接縫漏進來。首先決定接縫位置，再計算接縫到屋簷的距離，算出橫棧的數量。雖然間隔較短比較堅韌，但鋪太密反而會降低浪板的透光效果，所以最好是在 40 ～ 50cm 左右。

屋頂的浪板規格「作用寬度（※2）約為 60cm×3 尺～ 10 尺」，也能以不造成浪板重疊浪費的尺寸來決定柱子的跨度。長邊的接縫太短就容易漏雨，若傾斜度為 2 寸，重疊的長度最好為 20cm。

柱子的天地與桁條的左右

自行採伐的樹幹，難免直徑會不相同。這時使用粗的柱子來承載桁條較粗的一端，此做法會比較安定。左右的桁條粗細相同，棰比較不易歪斜。

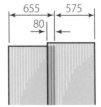

重疊的部分為 2 山半 =80mm

※1 屋頂傾斜度……表示傾斜度的方式，並非 30° 或 60°，而是 4 寸或 2 寸，是假設底邊為 1 尺時高度的差值。10 寸等於 1 尺，4 寸則是 4/10、2 寸則是 2/10。傾斜度愈大，排水效果愈好，但同時屋頂的施工也更困難。屋頂若為瓦片，就需要 3 ～ 4 寸的傾斜度，如果是防水、排水效果佳的浪板，就只需 2 寸的傾斜度（2 寸為最低限度）。

※2 作用寬度……浪板的規格為 655mm，重疊的長度為 80mm（防雨用需重疊 2 山半以上），所以實際上有效的作用寬度為 600mm 左右。張數 ×575+80，則為合計的寬度（右頁為張數與合計寬度的表格）。

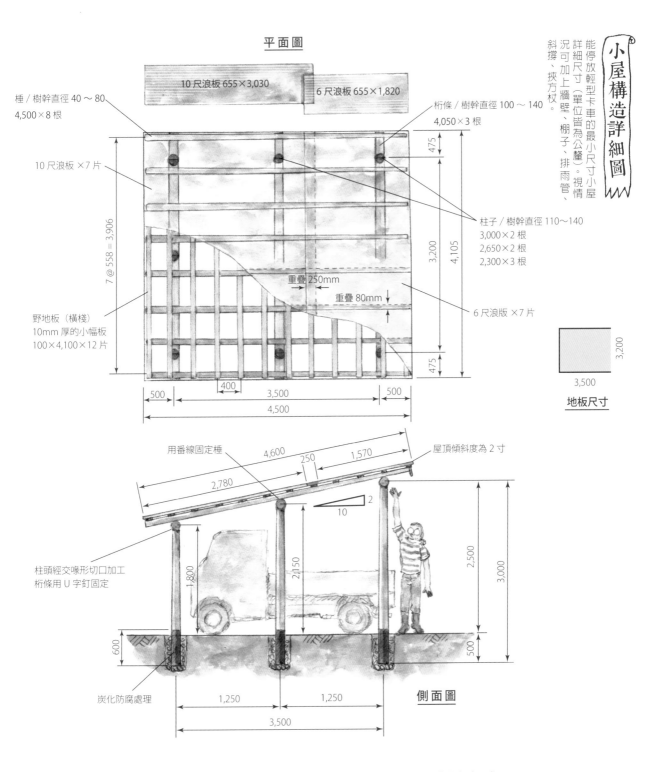

平面圖

10 尺浪板 655×3,030

6 尺浪板 655×1,820

椽 / 樹幹直徑 40 ～ 80
4,500×8 根

10 尺浪板 ×7 片

7@558＝3,906

野地板（橫棧）
10mm 厚的小幅板
100×4,100×12 片

桁條 / 樹幹直徑 100 ～ 140
4,050×3 根

475

柱子 / 樹幹直徑 110～140
3,000×2 根
2,650×2 根
2,300×3 根

3,200

4,105

重疊 250mm

重疊 80mm

6 尺浪版 ×7 片

475

500 400 3,500 500

4,500

3,200

3,500

地板尺寸

小屋構造詳細圖

能停放輕型卡車的最小尺寸小屋詳細尺寸（單位皆為公釐）。視情況可加上牆壁、棚子、排雨管、斜撐、挾万杖。

用番線固定椽

4,600

250

1,570

屋頂傾斜度為 2 寸

2,780

2

10

柱頭經交喙形切口加工
桁條用 U 字釘固定

1,800

2,150

2,500

3,000

炭化防腐處理

600

1,250

1,250

500

3,500

側面圖

浪板片數與合計寬度（mm）				
3 片	4 片	5 片	6 片	7 片
1,805	2,380	2,955	3,530	4,105

※單位寬度為 655mm・2 山半重疊（重疊寬度 80mm）

浪板的規格長度（mm）							
3 尺	4 尺	5 尺	6 尺	7 尺	8 尺	9 尺	10 尺
910	1,210	1,515	1,820	2,120	2,420	2,730	3,030

※傾斜度 2 寸時，重疊部分的長度在 200mm 以上。

5 木材的加工

剝除樹皮的方法

　　若樹幹附有樹皮，就容易被蟲蛀食，因此一定要將樹皮剝除後再使用。春夏採伐的樹幹，樹皮能夠輕鬆地剝除，但如同第一章中談到的，為維持木材本身品質，在秋天採伐最為適當。因此，剝除樹皮就是件棘手的事。雖然有專用的鐮刀、小刀或刮皮器形的工具，但不易購得，因此可使用刮除塗料的刮刀（下圖）。

　　先用柴刀將樹皮縱向切開，將刮刀從裂口插進樹皮跟木材間，一邊刮起樹皮，一邊移動刮刀。差不多刮一圈後，就可縱向一鼓作氣地將樹皮剝除。若不好剝，可讓樹幹反覆淋雨、曝晒數日，如此一來會變得比較好剝。盡可能大面積地將樹皮剝下來，就可作為屋頂的素材使用。可將剝下來的樹皮裁成相同長度，保存於通風處。

　　若真的剝不起來，可像下圖一樣使用柴刀，而這種方式感覺起來比較像是把樹幹本身削掉，跟剝除樹皮的樹幹比較起來，少了那麼一點風味。

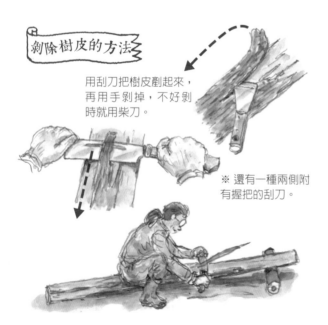

剝除樹皮的方法

用刮刀把樹皮剷起來，再用手剝掉，不好剝時就用柴刀。

※ 還有一種兩側附有握把的刮刀。

柱頭的加工

　　將柱子依照尺寸裁切後，為讓柱頭順利承載桁條，可將柱頭（直徑較小的一端）如下圖所示，進行交喙型切口加工（※）。比起用鏈鋸機將柱頭鋸成 V 字形，交喙型切口加工的尺寸更加精確，承載的桁條會更加穩定。此外，交喙型切口加工的切口也可作為標記，立柱時可藉以確認直角的方向。

以紙條或捲尺作為尺，用鋸子在兩側做記號（30～40 度左右），再用手斧或是鑿刀加工。

※ 交喙……形狀類似交喙雀的嘴巴而得名。自古流傳的加工接合處工法之一。

交喙

掘立柱的炭化

　　由於不想使用石油類的防腐劑來處理埋在地面下的柱身，而選擇炭化熱處理。將柱子打橫，一邊轉動柱身一邊用炭火加熱，直到柱子表面呈焦黑狀態為止。埋進地面下的長度約 50mm，加上地面上的 10mm，所以總共需燃燒 60mm 左右。在 60mm 以上的位置包上鋁箔紙，製造出平整的燃燒界線。在 50mm 的位置也事先做上記號。

用移動式爐灶來燃燒會比較安全

6 建造的方法與順序

立柱

首先須在柱子的位置打樁做記號。可使用一片浪板來測量平面上的直角,再用捲尺測量出距離,在另外三點上也打樁做記號,並計算出對角線的尺寸(※)進行微調,就能得出正確的直角。在木樁上拉出水線,定出建築物的大小。

第一根柱子必須是四方形。確定位置後將樁拔起來,用鏟子或鶴嘴鋤往下挖50mm(用捲尺測量)。訣竅是垂直挖出一個小洞穴,完成後就可把柱子插進洞裡,朝洞內搗實。若泥土往下落使洞穴變深,可以倒入小石塊後再次搗固,插進50mm深後,就可以開始填平洞穴。這裡該注意的是

1)V字切口須朝向承載桁條的方向

2)柱身須與地面垂直

確認柱頭的交喙(V字形)方向,保持柱身垂直,將小石塊跟土填入10cm左右,接著用小木棒把石塊跟土壤搗實。光是這道手續,柱身就能夠自行站立。從距離柱子4～5m遠處,確認柱身是否垂直(用鉛錘或筆直的棒子作為測量基準)。從左右兩個位置進行確認,一邊修正垂直位置,一邊將石塊跟土壤倒進去,每倒10cm高就要搗固,直到跟地面等高。此時一邊加水一邊搗,土石會更加緊實。

埋到一半高時,柱身幾乎就不會動了,若要修正的話必須盡早進行。最後在柱子周圍填一些土,並緊緊踩緊。

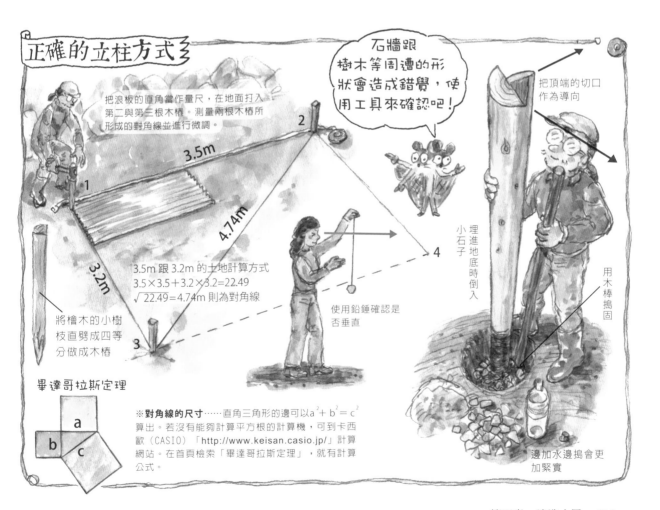

正確的立柱方式

把浪板的直角當作量尺,在地面打入第二與第三根木樁。測量兩根木樁所形成的對角線並進行微調。

3.5m

4.74m

3.2m

將檜木的小樹枝直劈成四等分做成木樁

3.5m跟3.2m的土地計算方式
3.5×3.5+3.2×3.2=22.49
√22.49=4.74m 則為對角線

使用鉛錘確認是否垂直

石牆跟樹木等周遭的形狀會造成錯覺,使用工具來確認吧!

把頂端的切口作為導向

小石子埋進地底時倒入

用木棒搗固

邊加水邊搗會更加緊實

畢達哥拉斯定理

a
b c

※對角線的尺寸……直角三角形的邊可以$a^2+b^2=c^2$算出。若沒有能夠計算平方根的計算機,可到卡西歐(CASIO)「http://www.keisan.casio.jp/」計算網站。在首頁檢索「畢達哥拉斯定理」,就有計算公式。

如何讓兩根柱子一樣高

接著立起承載同一根桁條的四方形柱子。為讓兩根柱子一樣高，必須依序進行下列作業。

首先，重新打樁，如下圖所示，順著柱子在樁上拉起水線，用水平儀或水盆（※）取出水平高度。接著，在第一根柱子與水線接觸的位置上做記號，並測量記號到柱頭的長度。將該長度畫在第二根柱子上（用鉛筆等工具畫記號），然後將柱子埋進地裡，直到該記號對齊水線。

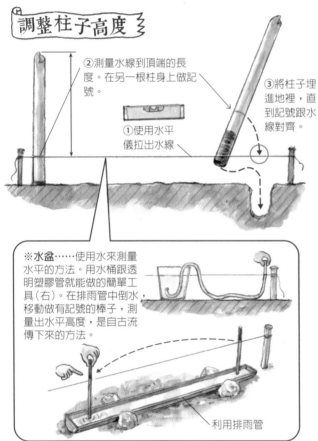

調整柱子高度

②測量水線到頂端的長度。在另一根柱身上做記號。

③將柱子埋進地裡，直到記號跟水線對齊。

①使用水平儀拉出水線

※水盆……使用水來測量水平的方法。用水桶跟透明塑膠管就能做的簡單工具（右）。在排雨管中倒水，移動做記號的棒子，測量出水平高度，是自古流傳下來的方法。

利用排雨管

如此一來，即使地面不平整，柱子也會一樣高。但是，桁條的頭尾兩端粗度不一，必須以兩端直徑差1/2（約1cm）的長度來進行修正。但其實不需精確到這種程度，只要桁條細的那一端看起來稍微高一點就沒問題了。

接著將第三根、第四根四方形的柱子立起來。若在兩根柱子中央還要立柱，就可在立好

的兩根柱子上端（交喙口的中央）拉上水線，以此為基準來對齊。

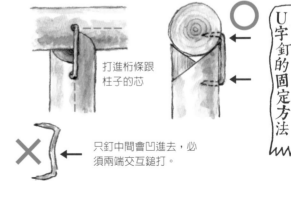

重物

暫時固定

中柱

架上桁條

首先將較重的那一端架到柱子上，接著移動到另一根柱子旁邊，把較細的一端架上去。若手搆不到可以站在梯子上。架上去後，若桁條有些微彎曲，就轉動桁條，盡可能保持桁條朝上那一面的平整，或者是微微突起（防止屋頂變形）。交喙的柱頭很穩固，所以只要有兩個支點，轉動時也不會鬆脫。決定好位置後，就可釘上U字釘固定。

架桁條的訣竅

架上去後轉動進行微調

先把一邊架到柱頭上

順著柱身往上抬會比較輕鬆

U字釘的固定方法

打進桁條跟柱子的芯

只釘中間會凹進去，必須兩端交互鎚打

7 用番線固定椽

用番線綁緊木材的接合處

椽的長度相同，將較粗的那一端架在桁條較低的那一邊，再用篠來固定番線。番線並不是一般的鐵絲，而是稱為「鈍鐵

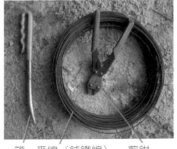

篠　番線（鈍鐵線）　剪鉗

線」的工具，在家居生活館或五金行買得到。#12（直徑 2.6mm）、長 72m 約 900 日圓。篠可以用螺帽起子來取代，剪斷番線則可利用鉗子，但最好還是準備一把專用的剪鉗。

固定椽的方法

如果椽彎曲，可以轉動椽盡量讓朝上的那一面保持平整。若桁條彎曲而使椽不平，可用手斧或柴刀將突起來的部分削掉，或是墊上木塊來修整。先把所有椽都架到桁條上，確認朝上的那一面是否平整，更換椽木進行調整。

椽前端的上側平整，看起來會很漂亮。在固定「雨仕舞」用的排水板時，椽的前端整齊，才可以把排水板平整地固定在上面。為此，須先將兩端的兩根椽用番線固定，在前端拉上水線，將其他的椽以此水線為基準整齊地固定住。

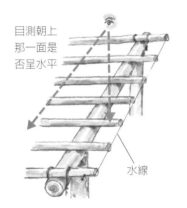

目測朝上那一面是否呈水平

水線

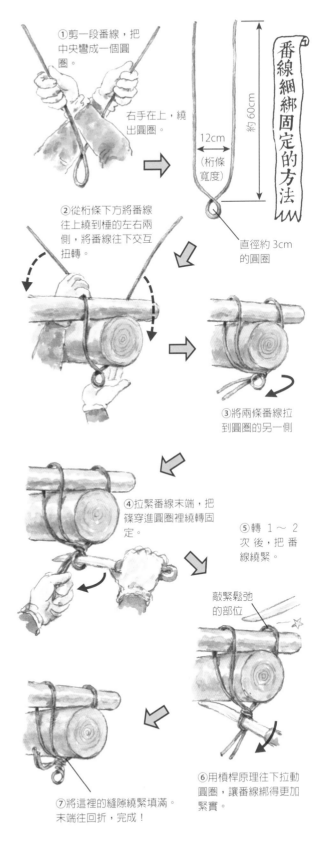

①剪一段番線，把中央彎成一個圓圈。

右手在上，繞出圓圈。

番線綑綁固定的方法

約 60cm

12cm（桁條寬度）

直徑約 3cm 的圓圈

②從桁條下方將番線往上繞到椽的左右兩側，將番線往下交互扭轉。

③將兩條番線拉到圓圈的另一側

④拉緊番線末端，把篠穿進圓圈裡繞轉固定。

⑤轉 1 ～ 2 次後，把番線繞緊。

敲緊鬆弛的部位

⑥用槓桿原理往下拉動圓圈，讓番線綁得更加緊實。

⑦將這裡的縫隙繞緊填滿。末端往回折，完成！

8 釘上野地板（橫棧）

野地板的鋪設方法

棧固定後，接著就可將野地板釘上去。站在踏台上作業會比較安心，但直接踏在棧上也沒有問題。

分別在屋頂最高跟最低的位置釘上野地板，接著在中間等間隔釘上數塊野地板。在順著水流方向有兩塊以上浪板重疊的位置下，也必須釘上野地板。

若野地板的長度不夠，需要接合補齊時，接合處最好是在棧的中央。因為若是兩塊野地板重疊，屋頂的素材就不容易固定住，所以最好是固定在棧的中心位置上（下圖左）。

最好不要在有木節的地方釘釘子，因為那個部分比較硬，且容易裂開。

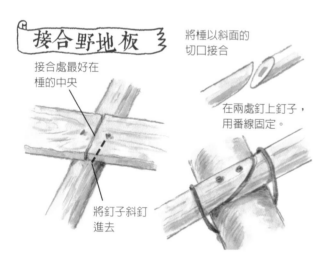

接合野地板

接合處最好在棧的中央

將棧以斜面的切口接合

在兩處釘上釘子，用番線固定。

將釘子斜釘進去

拆解與拔釘技巧

接著介紹釘子固定作業失敗，或是想要拔除廢棄木材上的舊釘子時，所需使用的拔釘技巧。如果釘頭突出來，只要使用拔釘器（鐵撬），應用槓桿原理就能輕鬆拔除。若釘頭沒入木板，可先用鐵鎚把小鐵撬的前端敲進釘頭與木板間，將釘頭撬出來。如果用小鐵撬無法直接將釘子拔出

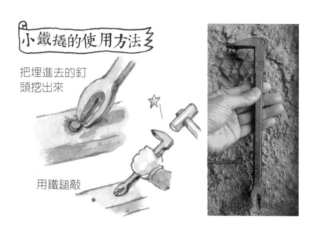

小鐵撬的使用方法

把埋進去的釘頭挖出來

用鐵鎚敲

來，那麼就把釘頭撬到能夠插入大鐵撬為止，最後改用大鐵撬拔除。

用鐵鎚或鐵撬敲擊接合部位的背面，也能把釘頭敲出來。角材跟木板接合的部位，則是可從側面敲擊角材，將兩者間敲出空隙後，把鐵撬的平頭部分插進去，就能把兩者撬開了。用鐵鎚從木板內側敲擊戳出來的釘子，釘頭突起來後就能輕鬆拔除。若是螺絲釘則會非常難以拔除，可使用最大的鐵撬，在撬釘子時用腳壓住木板不要讓它翹起來。

若釘頭已經斷掉，可用鉗子夾住釘子，邊轉動邊往上拔。也可用鉗子把釘子夾彎，再用鐵撬敲出來。用盡所有方式都無法拔出來的話，就從側面將釘子完全敲進去。但最好還是盡可能把釘子拔出來，因為使用老舊廢棄木材時，看不見的釘子會傷到鋸子或刨刀的刀刃。

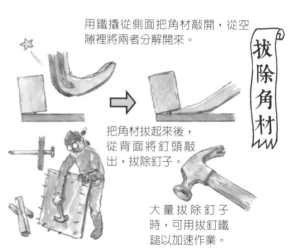

用鐵撬從側面把角材敲開，從空隙裡將兩者分解開來。

拔除角材

把角材拔起來後，從背面將釘頭敲出，拔除釘子。

大量拔除釘子時，可用拔釘鐵鎚以加速作業。

9 鋪上屋頂

浪板的鋪設方法

接下來終於要鋪上屋頂了。鋪設浪板的要點如下。

1）**在踏板上進行作業**……直接踩在浪板上不僅會傷到浪板，也容易滑倒，所以要站在踏板上作業。也可踏在椽上，但不能直接踩在野地板上（會破損）。

2）**確認疊合方向**……浪板從低處開始鋪，高的位置蓋在低的位置上，若相反雨就會從接縫漏進屋內。

3）**保留重疊長度**……縱向重疊長度需 20cm 以上，橫向則為 2 山半以上（下層浪板需朝上）。順著水流方向，重疊位置下方一定要鋪野地板。

4）**重疊部分需呈直線**……上下層的浪紋不一致，也是漏雨的原因之一。

5）**把傘釘釘在突起位置上**……用傘釘將浪板固定在野地板上，需釘在突起的位置（高處）。若釘在凹陷處，雨水就會從釘孔流入。不能把突起的浪板釘到變形，也不能留有空隙。若釘失敗，也無法重釘（不好拔除），因此必須慎重。可先用金屬用的鑽子鑽孔較為保險（從內側鑽）。市面上有販售專用的手動鑽子。

6）**浪板重疊處一定要釘釘子**……如此一來能防止被風吹掀或漏雨。

順著野地板每隔 4～5 山，釘上一個傘釘。

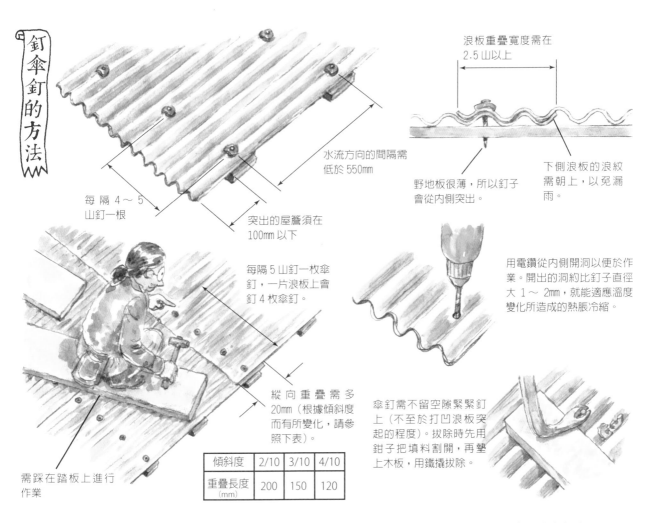

釘傘釘的方法

浪板重疊寬度需在 2.5 山以上

野地板很薄，所以釘子會從內側突出。

下側浪板的浪紋需朝上，以免漏雨。

水流方向的間隔需低於 550mm

每隔 4～5 山釘一根

突出的屋簷須在 100mm 以下

每隔 5 山釘一枚傘釘，一片浪板上會釘 4 枚傘釘。

用電鑽從內側開洞以便於作業。開出的洞約比釘子直徑大 1～2mm，就能適應溫度變化所造成的熱脹冷縮。

縱向重疊需多 20mm（根據傾斜度而有所變化，請參照下表）。

傘釘需不留空隙緊緊釘上（不至於打凹浪板突起的程度）。拔除時先用鉗子把填料割開，再墊上木板，用鐵撬拔除。

需踩在踏板上進行作業

傾斜度	2/10	3/10	4/10
重疊長度(mm)	200	150	120

安裝排水板

　　最後在屋簷下的桱上安裝排水板。若缺少這道手續，水會流到屋頂內側，落進屋內。使用跟野地板相同的素材即可，但它位在建築物正面，所以加上一點花樣會比較有趣。

排水板的加工圖樣

安裝排雨管

　　若不希望雨水落在小屋周圍（尤其是靠近石牆），可裝設排雨管將雨水導至遠處。在家居生活館買得到專用的金屬配件跟排雨管。將配件安裝在桱的側面，掛上排雨管。金屬配件的安裝高度，在可讓排雨管承接浪板流下來的雨水之處，朝向左右兩側稍稍傾斜。

也可以用剖半的竹子作為排雨管（請參照p.115）。

用金屬配件把排雨管固定在桱的末端。

防雨對策

　　若雨水從浪板的疊合處流進屋內，就在「室內側」用填縫劑填補。若在屋頂那側使用填縫劑或膠帶填補，來自旁邊接縫的雨水就會無處可流，反而導致漏雨。

10　加上牆壁

板材壁面

　　最簡便的做法是用彩色浪板縱向立成壁面，此時需在釘子位置，在柱身橫向裝上木條。可釘上小幅板或用番線把細的樹幹固定在柱身。若壁面跟屋頂間的空

彩色浪板壁面的內部。還可在木柱上裝棚子。

隙在 2 寸傾斜度左右，就不需特別處理，若不想留有空隙，可用金屬剪順著屋頂將上面的壁面斜斜剪掉。

　　也可自行製作木板壁面。木板的長度跟柱間的寬度相同，直接釘在柱子上。將木板上下斜削排列，不僅美觀，還能有效防止風吹雨淋。

土壁

　　若有黏土、稻草跟竹子，就可製作土壁。有黏土的環境就跟會生長菇類的地方一樣，都是種財產，突然去尋問當地居民，他們應該也不會隨便告訴你在何處，只能靠自己去尋找。挖一點山地的表土確認黏度，如果質感跟學校用的油黏土類似就行了。先取得山林所有人的同意，再帶著鏟子跟土囊袋去挖土。

　　把混在土裡的大石塊或樹葉、樹枝等有機物取出（小石頭則無妨），拌進切成 10cm 長的稻草，加水後用腳踩踏，充分混合後擱置一個月以上，以增加黏度。這得歸功稻草中的納豆菌，所以不能使用麥草或其他的草類纖維，一定要使用能夠增加黏度的稻草。但是，若黏土本身黏度佳，拌進稻草後也可直接使用。舊的榻榻米也能拆掉使用，或是使用稻草繩。

土壁本身具有重量，要把土壁固定在柱子中心，就必須先組裝橫向建材。底材可使用竹子（真竹最佳，孟宗竹則太粗）組裝成井桁框架，然後將黏土從兩側開始固定於框架上，這稱為荒壁，如果最後還要上灰泥粉刷，就必須等到荒壁徹底乾燥（三個月以上），並且先上１～２層底漆。在底漆中混入少量的砂（砂無黏度，所以無法塗得很厚，但不易龜裂），等它乾燥後再上灰泥粉刷。但若是穀倉，用荒壁即可，風格上也比較合適。

一提到土壁，往往會聯想到需要高度技術的石膏工藝壁面，但那通常是文化資產等級的建築物，以前山村民宅的荒壁，大多是當地居民自行塗裝，即使是外行人，只要經過訓練也能辦得到。

土壁的土，在建築物拆解後可多次反覆利用。可攜土囊袋到倉庫等建築物的拆解現場，帶一點土壁的土回來，加一點水攪拌馬上就能使用，保持乾燥也可存放好幾年。若裡面的稻草或寸莎（麻等纖維狀的物質）分解了，就再切點稻草繩或麻繩（棕櫚的纖維也可以）攪拌進去。若沒有加稻草或寸莎，會過黏而不好塑形，乾燥後也容易龜裂。

修補剝落或有破洞的土壁時，先噴一點水在需要修補處，再把新的壁土填上去，是極為簡單的修補作業。

日式編竹夾泥牆製作方法

①先把骨架「粗竹片」排列好。從上往下看，橫向的竹片位置跟貫木一樣，縱向的竹片則是立在屋外那側。

把真竹劈成 2cm 寬的竹片，內側相對排列固定。

在柱子中心位置裝上20 ～ 30mm 厚 的 貫木。用楔子將貫木緊緊固定。

②在柱子跟橫向建材上鑽孔，把竹片裝進去。每個孔的位置會稍微偏離中心，需留意。

③在粗竹片的間隔間，每隔 4 ～ 5cm 再裝上一片細竹片，用稻草繩或棕櫚繩交互纏繞固定竹片跟貫木。

先在柱子與貫木內側 6cm 位置，縱向與橫向裝上一根粗竹片，然後每隔 30cm 左右裝上另一根。縱向的竹片必須立在貫木外側，遇到火災時才能從室內將壁面踢倒。

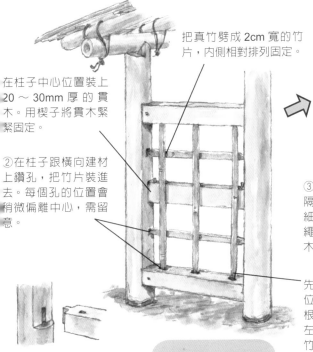
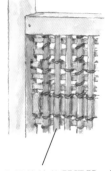

用榫接來固定橫向建材。立第二根柱子時，就能牢牢固定（一旦決定要用土壁，就要準備好貫木跟橫向建材）。

用木棒從內壁開始把土塗上去，用力把土壓到穿透竹片的空隙，稍微放乾後再塗外壁。

從現場帶回來的壁土

稻草

稻草寸莎都還很充足，只要加水就能立刻使用。

用噴霧器把壁面噴濕，再補上土。右圖為四年半後模樣，絲毫沒有剝落。

製作實例／製作石窯與草屋

里山生活第五年，我修補了自家土地上的一座石牆，那是為了擴充土地的可利用面積，想要建造一間大一點的柴薪小屋。順利將石牆完成後，留下許多多餘的石塊跟土壤，所以決定拿它們來建一座石窯。

我們每年都會栽培一些小麥，用石臼將它們磨成粉，做成全麥的印度薄餅（用鍋子烤），但用真正的石窯烘烤披薩跟麵包是我們的夢想。

石窯要用磚塊跟黏土製作，基座部分就用多出來的石塊來搭造。磚塊用的是手邊現有的材料，並無另外添購。黏土則是採集自山林裡，還有以前從倉庫拆除現場帶回來的黏土塊。

小屋的柱子跟桁條是從山林裡採伐乾燥的杉木材。棰是從至先生那裡拿來的廢棄角材（那是搬運玻璃跟鐵板時使用的木材，大概有將樹脂摻入柳桉等南洋的木材裡，非常堅固且用途很多，是很珍貴的木材）。野地板也是用廢材板裁接而成。屋頂中央使用的是聚碳酸酯製的透光浪板，石窯那側使用杉樹皮，另一側則使用廢棄材料拼起來的板子（雖然因生鏽而破洞，修補後也還能用），做成三色屋頂。

靠近小屋的石牆那側會有雨水落下，所以把金屬棒（廢棄的瓦斯管）插進石牆裡，然後裝上竹子剖半製成的排雨管。

然而全都是廢棄材料多少還是會感到不安（新買的東西只有六片塑膠浪板），但也只是不太重要的小型建築物，再加上那座石牆，我們也從中感受到親手製作的醍醐味。

①

②

③

杉樹皮屋頂

全都是浪板就太無趣了，而且考慮到石窯上方的透光浪板會沾上煤灰，所以有 1/3 的屋頂使用杉樹皮①。屋頂的野地板用的全都是廢棄材料②。釘上用膠帶固定住的紙盒作為防水底材③。杉樹是囤積的資材，首先要先泡水讓它們變軟，接著就跟瓦片屋頂一樣，由下往上鋪，重疊部分壓上竹片，然後再壓上石塊④。加上最後面的鐵皮浪板，三色屋頂就完成了，多虧它們讓透光效果非常鮮明。

①充分碾壓礫石。

②用砌石牆的方法來砌石窯。

④轉角的井桁構造相當困難。

⑤填入土壤跟小石子，充分搗固。

窯台

修補石牆後有剩餘的石塊。用它們搭建台座，跟後方的石牆調和。有一片扁平的石塊，用它來當成天花板，在正面開一個小開口。雖然看起來好像有點像堆放柴薪的地方，但頗有設計感，非常有趣。

把平扁的大石塊做成開口部的屋頂。

⑤以小石塊或長石疊出有變化性的正面開口部後，基座就完成了。

把稻草拌進黏土裡，乾燥後切塊。

用現有的磚塊鋪成窯底。不夠的話就用黏土。

製作門的外框，使用磚塊來做出拱形。

製造土饅頭⑦，貼上報紙⑧，在外層貼上黏土塊（⑩～⑫）窯體完成。

石窯

第一層用黏土固定住磚塊後，開始往上搭造土饅頭。

從山裡採集的黏土乾燥後會變灰，所以使用從倉庫拆解現場帶回來的黏土來做窯體。乾燥後變成漂亮的奶油色，接著就可把窯內的土取出來。

114

棰跟野地板都是廢棄的材料①。不搭牆壁所以只需 4 根柱子。棰是角材，作業起來很快速。搭出有趣的形狀②。

小屋

先把鐵棒插進石牆裡，再把剖半的竹子固定在鐵棒上③。在排雨管的末端掛上用空鋁罐跟鐵絲做的藝術風格水落串，下面放個洗手盆接水。這些水也可當成石窯的防火用水。

「paul building」＝「掘立柱」是令人感到相當愉快的工法。只要把柱子埋進地底 50cm，就能搭建出大人站上去也不會崩塌的骨架。

初次運轉

不裝煙囪真的可以順利燃燒嗎？這種不安瞬間消失了。窯內的熱度使空氣對流，光是燃燒柴薪就可持續燃燒。那種搖曳生姿的火光，綻放出不可思議的魅力①②。一開始先烤披薩③④。無與倫比的美味讓我們又實現了一個夢想⑤。

讓建築物持久維持的智慧 — 斜撐與根繼

掘立柱的缺點是埋在地面下的柱子會腐朽，但只要加上「斜撐」這種傾斜的補牆材，多少能夠防止建築物傾倒。再更進一步，若一開始就加上斜撐，即使四個角的柱子底部都腐朽了，建物還是會站得很穩。

當埋進土裡的柱子開始腐朽時，可在柱子左右桁條上加兩根暫時柱，用千斤頂從柱子下方把桁條抬高，將腐朽柱子的下半部分鋸掉，再補上新的柱子。

或是只鋸掉腐朽部分，加上新的木材，這稱為「根繼」。根繼的手法中，以「金輪繼」最為堅固適用。這也能應用在樹幹木材上，所以經常使用在數百年歷史古民宅與文化資產建築物的修補上。

雖然根繼的木材加工不易，但也並非只有專門的神社寺廟修補木匠才做得到，各地也還有擅長這項技術的木匠。以前農村在蓋新房子前，大多會成立「結」這個組織，許多人會來幫忙建造，所以即使是外行人，也擅長各式各樣的根繼手法。

根繼所裁切下來的廢棄材料可作為柴薪使用。

斜撐

椿

若不打椿固定，有可能被風吹倒。

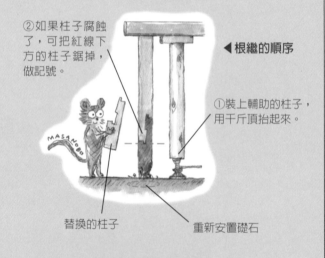

②如果柱子腐蝕了，可把紅線下方的柱子鋸掉，做記號。

◀根繼的順序

①裝上輔助的柱子，用千斤頂抬起來。

替換的柱子　　　重新安置礎石

我居住的村落裡，神社的牌坊就是使用「金輪繼」修補的。

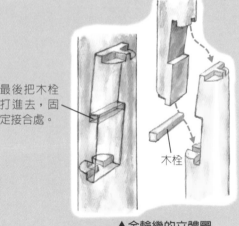

最後把木栓打進去，固定接合處。

木栓

▲金輪繼的立體圖

第 5 章
火的使用

以 燃 燒 來 終 結 循 環

只要把石塊堆砌起來生火,那就是一種火爐。在高溫多雨的里山,使用火來烹飪、用燃煙除蟲、讓屋子保持乾燥,燃灰能夠撒進田裡回歸大地,過著低成本、低衝擊的舒適生活,且能以燃燒來終結里山生活的循環。本章將介紹在戶外簡單的砌石構造火爐,以及再生室內的地爐,還會談到熾炭的使用方式,以及五德與自在鉤等地爐中的用具。

1 火的效用

火焰的溫暖效果跟溫泉很像……

燃燒天然素材

在使用爐灶的時代，即使是住在鎮上的人家，早上也會燃燒紙張或木屑來煮水。但現在，即使在農村也開始禁止直接生火燃燒木材或取暖，真的非常可惜。燃燒枯樹枝或廢棄材料，既是打掃也能提供熱源。里山生活沒有需要顧慮的左右鄰居，可盡情重返燃燒火焰的生活（當然必須非常注意）。

我以前曾挖掘過垃圾處理場，縱使垃圾被土掩埋，但土地中幾乎沒有蚯蚓，夏季時雖然被草覆蓋，卻不是從那塊土地上長出來的植物，而是周圍的藤蔓過於繁盛。土中埋了許多不天然的垃圾——塑膠、合成樹脂、玻璃、鋁罐等，它們的強韌程度令人吃驚。

將垃圾挖出來裝進塑膠袋裡，丟到指定區後帶到某處焚燒，最後又被埋進某個地方，然後造成土地污染。只要想到這些，就覺得燃燒後能回歸土地的天然素材們非常偉大。

因此燃燒這行為可說是能夠終結里山生活的循環。燃燒天然素材時，會產生芳香的氣味，看著火焰燃燒所度過的時光，是現代人遺忘的療癒時刻。

以火焰取暖所帶來的溫暖與燻蒸效果

曾升炭火取暖的人，一定會知道那種打從身體深處暖和起來，無法言喻的溫暖感受。炭火有中心的熾炭與周圍的火焰，直接以這種炭火取暖，跟使用玻璃金屬板遮蔽的火爐又是不同感受。火焰直接刺激身體細胞是種非常強烈的熱力。聽說潛到海中的海女們，即使在夏天也一定會升炭火取暖，就是這道理。

家裡如果有地爐或爐竈，升起來的火除了可用來取暖外，還有以下功能。

1) **除蟲**……燃煙能夠除蟲。到了夏天，里山生活的一大煩惱就是有很多蟲，但牠們不會飛進地爐房裡，而且在地爐旁絕對不會被蚊子叮咬，蜈蚣也幾乎不會跑進來。

2) **保護住宅物**……地爐的煙能讓「茅葺屋頂」更加耐用，被煙燻過的房屋，據說比一般房屋耐用2～3倍，建築木材也不會被蟲蛀而更加持久。在高溫多雨的日本，能夠讓建築物維持乾燥而保護建築物。

3) **燻蒸的效用**……具「燻製」跟「燻蒸消毒」效果，燻煙還能殺菌。擺放在地爐房四周的食物都能存放比較久。年糕也不太會長霉，吃剩的食物或冷掉的飯菜也不太容易腐壞。由於沒有雜

用柴薪或炭火烹調的料理不知為何就是非常美味。不僅是因為「熟得快」，一定還有某種原因。當然使用山泉水也是讓食物好吃的原因之一。

菌，使厭氧性發酵能夠順暢進行，因此醃漬物跟濁酒也能輕鬆完成。

4) **讓木質素材變漂亮**……地爐房雖然會有燃灰跟煙，但只要把這些髒污徹底擦拭乾淨，看起來就像是上了塗料，地板跟柱子都帶著深沉顏色，泛著漂亮的黑色光澤。

5) **團聚效果**……柴薪火爐只有180度的範圍能夠看到燃火，火堆或地爐則是360度都看得到火焰，讓眾人能夠圍著火堆聚在一起，邊享受燃火，邊談天說地。圍繞著火焰，人會自然沉靜下來，即使沉默也毫不介意，偶爾也會變得很多話。火焰能讓人變得謙虛又正直。

炭火是萬物的基礎

我曾跟推動炭燒復興運動的旗手杉浦銀治先生（炭燒會副會長）見過面，他說「炭火是萬物的基礎」，這句話讓我感觸良多。確實，炭火是自然與人接觸的原點。準備柴薪、生火、維持火勢、注意不讓燃菸或火花引起火災，直到最後滅火跟燃灰的處理，使用炭火有很多地方要注意。「只要炭火燒得好，什麼都做得到」。甚至會說看一個人，只要從他處理炭火的樣子，就能看出性格跟能力。

在過去的山村裡，撿拾柴薪理所當然成為小孩

子負責的工作。而為了避免被火燒傷及引發火災，爐竈周圍一定會保持整潔空曠，這種需要注意的地方，也是從小就被灌輸的觀念。與火相關的勞動作業有很多，火處理起來雖有點麻煩，但能夠培養細心與感性。

▲描繪火的功效的「炭火曼陀羅」（2005年） 圖中「今後的發展計畫」，地爐、柴薪火爐、柴薪澡堂、石窯現在都已完成。將在本章依序介紹。

2 用石塊堆造簡單的野外爐

野外生火的訣竅與注意要點

在野外生火，首先要將四周落葉跟小樹枝等易燃物清乾淨，還有把火堆周圍可能會絆倒的石塊清掉。盡可能在泥土地上生火，若堆有落葉或腐葉土，飛散的火花有可能引發火災。正上方或附近有樹木葉子的地方也不適合。先拔除地上的草，將火堆中心位置的草連根除掉，只留下土石，用石塊來堆造爐竈。

將三塊大石頭排成ㄈ字形，簡單的爐竈即完成。把石塊圍出來的土地中心淺淺往下挖，從ㄈ字形的開口處放入木材。火升起來後，自然會把風引進竈中助燃。石塊會成為反射板，避免熱度散失。若無大石塊，可用4～5個中等大小的石塊來堆。若下雨，雨水會積在火爐裡，下次生火時會因土壤潮濕而失敗。若打算要多次使用，可把石塊平鋪在最底層，製造出爐床。

讓火順暢燃燒的祕訣有下列三項。
1）能夠助燃的燃料（乾燥的柴薪）
2）空氣流通（氧氣）
3）保持火焰溫度（澆水就能熄滅）

在開始生火前，須先備妥小樹枝、柴薪數根，還有把水桶裝滿水，擺在旁邊以防萬一。

用杉木葉當燃料

山里中，使用垂手可得的杉木枯葉來生火最適合不過了。持續生長的人工杉木林，下方枝葉會自然枯萎，風一吹枯葉自然落下。燃燒杉木葉時，沒有燃燒廢紙那種異味，而且可持續燃燒。把杉木葉成捆乾燥後存放，可應用在地爐、爐竈、柴薪火爐等生火的燃料。

使用時，如同右邊照片，握著帶葉樹枝，枝頭朝下點火，火勢就會順著樹枝燃燒起來。把它擺到爐竈中央，再於上面疊滿小樹枝。小樹枝可用撿來的枯樹枝，而自然落下的枯萎樹枝已徹底

乾燥，就算有點潮濕，晒太陽或放在火堆旁烘烤一下馬上就乾了。

先燒小樹枝再燒大柴薪

若小樹枝差不多要燒完，那就將剩下的小樹枝移到火堆中，調整形狀。將較短的樹枝在火堆中央立成紡錘狀，較長的則排列成井桁狀。「紡錘」跟「井桁」是堆放小樹枝的基本形狀，這些形狀有助於空氣流通。

接下來燃燒乾燥的大塊柴薪。不要從中央開始燒，而是從末端開始。將點燃部分慢慢往火堆裡推，若火熄滅，只要對著熾炭吹氣，或以扇子搧風，但如果熾炭不夠多，火爐的溫度無法提升，送風反而會有反效果。

在火穩定燃燒前，最好不要移動柴薪。持續燃燒一陣子後，柴薪燒成灰燼，火焰中心部分會空掉，這時邊把柴薪往內推，調整形狀，或是添加新的柴薪，保持火焰持續燃燒。

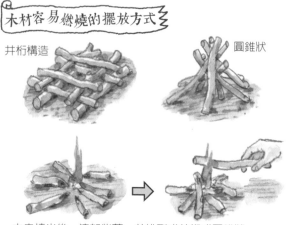

木材容易燃燒的擺放方式

井桁構造　　　　　　圓錐狀

中央燒光後，追加柴薪，並排列成井桁或圓錐狀。

擺放、吊掛鍋子的方法

　　使用簡易爐竈料理食物時，有以下三種方法。

1）**直接擺在石塊上**……若是石製爐竈，只要調整石塊高度，就可把鍋子直接擺上去①。在上面排列平整的石塊，鍋子擺在上頭能夠保溫。

2）**用金屬網做台基**……把戶外烤肉用的金屬網架在石塊上，就能將鍋子穩定擺在上面②，也可用幾根鋼筋來取代金屬網。將用炭火燒成的熾炭集中擺在金屬網下的一個地方，用它來烘烤食物（若直接碰到炭會沾上煤灰，且容易烤焦。用炭火來烤東西最適合了）。

3）**吊掛在上面**……把兩根 Y 字形樹枝立在爐竈兩側，架上棒子將鍋子吊在上面。也可把三根長一點的棒子一端綁在一起，架在火堆上方，然後把鍋子吊在上面③。但這方法必須使用自在鉤跟上方附有握把的鍋子。若使用大鍋子且希望供應

穩定的火力時，這種方式最爲合適（下方照片）。

吊鍋最安全且熱效率最好。可採用第四章介紹的掘立柱方式，將 Y 字棒埋進地底，把小石子填進洞裡搗固，就能穩穩立住。上面的照片還未將四周落葉全都清掉。最好再清乾淨一點，以免火花翻散引發火災。

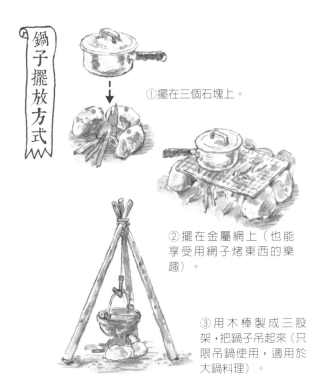

鍋子擺放方式

①擺在三個石塊上。

②擺在金屬網上（也能享受用網子烤東西的樂趣）。

③用木棒製成三股架，把鍋子吊起來（只限吊鍋使用，適用於大鍋料理）。

滅火方法

　　爐竈中使用的柴薪，燒完後火會自燃熄滅。即使沒有徹底燒光，若未將木材往火焰位置推，或沒有添加新的柴薪，火也會熄滅。在野外突然颳風會把火吹散，但石堆的爐竈能夠防止火苗飛散，安全性高。但要離開前，還是要澆水或蓋上泥土，確認火已徹底熄滅。

　　晴朗乾燥的白天或颳風時最好不要生火。傍晚溫度較低，且火焰容易被夜露澆熄。而白天生的火看起來好像熄了，但有可能仍持續悶燒。

　　爲防範延燒，最重要的是最初的滅火動作。若火勢變大，火本身會引風，導致火勢蔓延而難以熄滅，因此一旁準備防火用水是非常重要的事。

把金屬鑄造的爐竈當成火爐使用

從九月展開里山生活，我們帶著些許不安，思考該如何度過第一個冬天。手邊有的是火缽、電熱毯跟金屬鑄造的大型爐竈。那座爐竈是從倉庫的拆解現場搬回來的，所以具有接煙囪的孔，蓋上蓋子就成柴薪火爐。正好手邊有汽油桶的蓋子，蓋上去後竟然大小剛好，於是立刻將這座大型爐竈，裝在遲遲無法決定怎麼改裝的廚房裡。

雖然是第一次裝煙囪，但還是自行到家居生活館買材料回來試著做。承租的老民宅，廚房、浴室等跟水的相關設施是在屋外的小屋裡，那邊的屋頂是較低的鐵皮浪板，所以很簡單。但真的可以把煙引出去嗎？能用來取暖嗎？懷抱著這些不安，一邊進行工事。

接著，謹慎地在爐竈點火，燃煙被吸到煙囪裡排出去了。我永遠無法忘記看見柴薪閃著紅色火光的那份感動。那是整個工作室裡最不舒適的廚房，成了「想要待久一點」的房間。

然而這座火爐也有缺點。它的燃燒空間很大，所以會消耗大量柴薪。鐵板不夠厚，所以暖爐效果也不佳，但烹飪效果不錯，而且從燃燒口可直接看到火焰，是最有魅力的一點。我們一開始稱這座爐竈火爐為「吃薪鬼」、「倉庫來的」，演變成薪倉君，然後是現在的「小薪」，那個冬天幾乎每天都用它來取暖跟烹飪。

但從隔年開始，幾乎沒有用過小薪了。因為我們讓地爐重生。它的優點就是可拆解開來，便於搬運。現在小薪睡在工作室二樓。「謝謝你。下次登場時再麻煩你了！」

小薪所處的廚房是濕氣最重的房間，整個冬天都點著火燃燒。

▲安裝煙囪
從下面決定煙囪的位置（①）。併用鉛錘會更正確。用電動剪刀跟鐵撬把野地板割開（六角形最佳，但為了防止木板歪斜，用木栓把小幅板固定在上面②）。在洞中央釘釘子做記號，然後用金屬剪刀在鐵皮浪板屋頂上開洞（③）。裝好後用耐熱矽膠固定（④⑤）。屋頂較低，便於清掃（⑥）。

在煙囪撤掉的位置裝上迷你天窗

材料是金魚缸。把它裝在煙囪的洞上。比以前裝的小窗亮多了。

陽光照射下，漫射效果讓光線落在各處。

神流工作室

有小薪挺的廚房

煙囪　不鏽鋼製。我們花在火爐上的錢，就只有這煙囪（3945日圓）。

● 直管直徑100mm 83cm×3根
● Ή網底・1根
● 鐵環・1個

作為室內設計的一環…日本的古民宅是以垂直水平的軸線所構成，因此圓形的小薪有很強烈的存在感。

土壁

用廢棄的角材來強調軸線

混凝土牆

另一座爐竈 **小竈君**　可用羽釜來煮飯

可約32cm的小可愛

料理　能做料理的超棒火爐。料理板很大，可同時做各式各樣的料理，真的很棒

鬆餅

烤銀杏

蒸麵糰

不鏽鋼製鐵桶的蓋子（直徑600mm）

刮灰

移動墊炭

高70cm

柴薪的架子在這裡

自製的棕櫚掃帚

熾炭　用於火鉢

20個磚塊

灰　把燃灰保存起來做成田地的肥料

火鉗

熾炭一半活水乾了之後就能保存起來。

用塑膠的畚箕盛裝燃灰，倒到舊的燃灰士。

蓋子掉了，用馬口鐵來取代，也能調節空氣。

▲爐竈火爐「小薪」詳細圖（2005年）　這時還沒有用「滅火壺」（參照p.133），而是用水把「熾炭」澆熄。

3 地爐的功能與便利性

在寒冷地區發展出來的地爐

地爐是在木框所包圍住的木灰中生火，所以能安全地在室內取暖，並烹調各式料理。火焰能讓體內暖和，所以在冬季寒冷的東日本，地爐特別發達。地爐是一個家庭的中心，長輩跟客人的位置都是決定好的，而且是一家團聚不可或缺的物品。

有些地爐會蓋在土間裡，但通常會建在從土間進到屋內的第一個房間。地爐下方用石組構造從地面堅固地架起來（參照 p.128）。此外，由於不會把地爐的火熄掉，所以石塊跟地面都會蓄

熱，能夠緩和冬季的寒冷。

地爐的火是直接在空間中燃燒，所以暖得很快（用柴薪火爐需等一段時間室內溫度才會上升）。在火堆旁的每個人都能享受火的溫暖，還能以跟火的距離，來調整最適宜的暖和程度。雖然背部會覺得有點冷，但只要穿上及腰的棉襖等外衣，就能利用地爐的暖度來保暖。

地爐與排煙

過去有裝地爐的屋子會在屋頂上裝設「排煙孔」（參照 p.128）。大房子會裝高窗，並用繩子開關窗子。

不少人因為燃煙而不喜歡地爐，但只要用的是乾燥柴薪，並時時照看柴薪，保持火焰穩定燃

在保存、遷移老屋宅的設施中，也不容易見到的正統地爐（左方照片為群馬縣法師溫泉。下方照片為愛知縣足助屋敷）。

法師溫泉長壽館 http://www.houshi-onsen.jp/

三州足助屋敷 http://www.asuke.aitai.ne.jp/~yashiki/

2005 年，讓沉睡在地板下的地爐重生。現在已經徹底融入，成為我們生活中不可或缺的一份子。

燒，就不會產生灰濛濛的燃煙，而需要坐下來取暖的地爐形式，也能減少燃煙產生。

柴薪消耗量少於柴薪火爐的五分之一

　　跟柴薪火爐比起來，地爐的柴薪使用量非常少。雖然會根據用法而有所不同，但通常是在五分之一以下。而且在柴薪火爐裡只能當成燃料使用的小樹枝，在地爐裡則能大顯身手。當然也能燃燒大的柴薪，放不進柴薪火爐的樹幹也能直接拿去地爐燒。

　　我們展開里山生活的第一個冬季，用的是消耗大量柴薪的爐竈火爐「小薪」（p.122），下個冬天讓地爐重生，就不用擔心柴薪不夠用。掉在土地上的枯枝、院子裡修剪下來的樹枝、疏伐

的細碎木材、杉木的枯枝等都可用在地爐，發現這點後心情就變得很輕鬆。

萬能的烹調功能

　　一提到地爐料理，應該會聯想到串在竹籤上的魚或是烤糯米糰。因為我以前熱衷山釣，有河邊生火烤魚經驗，我覺得插在地爐灰裡烤，比在河邊烤更能進行熱度的調整，能烤得更漂亮。

　　另一點是，只要提到地爐，就要想到自在鉤。它是能讓鍋子上下移動以調節火力的優秀裝置。只要把鐵瓶掛在自在鉤上，不僅水馬上就能燒開，鐵瓶本身還能成為蓄熱裝置，遮蔽流往屋頂的火焰，確保安全。

　　加上五德一起使用，就能用平底鍋來料理，

除了竹串外，還能把吊鍋放下來保溫，在火焰上架上五德，就可用平底鍋來料理，自由自在使用，正是地爐的優點。

開始使用地爐後，柴薪堆放場的樣子就改變了。小樹枝是最適宜的燃料，細樹枝能助燃，適用於維持地爐中的火焰。

現在已經沒有人會撿拾山裡的枯樹枝了。但它們是最適用於地爐的柴薪。經疏伐的人工林是地爐燃料的寶庫。

用熾炭進行小火料理

烤網

自在鉤與吊鍋

木框是小型吧台

保溫中的鍋子（把熾炭放在蓋子上，就變成烤箱）。

確實應用燃灰跟熾炭，地爐彷彿是有好幾個爐口的瓦斯爐。

也能用羽釜來煮飯。此外，把地爐裡的熾炭聚集到一個地方，架上網子，就能用來 BBQ。若是長方形地爐，可將自在鉤移到一旁，利用空出來的空間烹調，就算是需要用弱火來保溫的料理，也能以熾炭慢慢悶煮。

另外，使用「渡」這種圓弧狀的金屬架子，就能在不直接接觸火焰跟煤灰下把年糕之類的料理烤得焦脆。因為它沒有古董的價值，所以在古董店裡找不到，但對地爐生活而言是非常方便的一種工具。

還有一種地爐獨具的烹調方法，就是將食物埋進燃灰裡蒸。

總而言之，地爐的烹調方法非常豐富，但缺點是鍋子會被煤燻黑，而且如果無法將柴薪燃燒起來，料理就永遠無法完成。

架上五德，用羽釜來煮飯。用地爐就能輕鬆煮好一公升左右的飯，用習慣後還能調整燒焦程度。用山泉水跟柴薪煮出來的飯超好吃！

插在燃灰上的食物串能進行細微的火力調整。把小芋頭燙熟，沾上柚子味噌再拿去烤，是奧多野的鄉土料理。

自在鉤稱得上是地爐的門面。這是金屬鑄造的簡單類型。

在不鏽鋼三層鍋上蓋一個厚鋁蓋，上面壓熾炭就成了迷你烤箱。

也能用左邊介紹的方法烤麵包。下方擺石頭，鋪上鋁箔紙後上頭擺麵糰。

使用火焰側面的熱度來燒烤，所以不會沾到。

用渡來烤

把熾炭移動到渡下面

用熾炭聚在一起來烤東西是最實際的做法，擺在火焰旁烤也不會沾到煤。最好還有「渡」（右圖）這種工具。

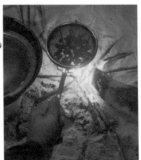

用這種方法烤出來的銀杏最好吃！

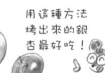

用煎芝麻的工具來煎各種食物。下方照片裡是苦扁桃葉石櫟。還可以烤銀杏、紫蘇、落花生等。用柴火烤芝麻熟的很快，且非常好吃。

燻製與煙香

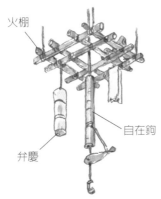

火棚
自在鉤
弁慶

在秋田有種稱為「iburigakko」的醃蘿蔔乾。在地爐上吊一個井桁構造的「火棚」，用來燻製食物以利保存（在寒冷的地方會用來烘乾稻草鞋跟衣服），把食物串插在「弁慶」這種稻草包上，加以燻製。

茅葺民宅的屋頂是用稻草繩接合起來，長年受到地爐煙燻，稻草繩會變得更加強韌。

徹底乾燥的柴薪不會產生不好聞的味道。光是燃燒木頭所產生的適度煙燻味，其實並不難聞。雖然應該還是有人很討厭，但我們從外面回到家裡時，卻非常喜歡這種味道。

櫻木跟梅樹的樹枝會產生芬芳的花香味，栗子樹聞起來則是有點酸。這些味道會留在熾炭

裡，用火缽燒炭時，也會產生些許香味。

在地爐裡烤魚類或肉類時，流下來的油脂跟肉汁會讓燃灰產生異味。這時可摘一點院子裡的月桂葉或紫蘇的莖，放到地爐裡燃燒，燃菸的香味能消除異味。「焚香」這種燻燒帶有香味的樹或香草能夠淨化空間，在世界各地都是自古流傳的文化。

不受限於季節

使用地爐裡的小火，在炎熱夏天也可用來烹調食物，地爐的燃煙可除蟲，還能緩和家中的濕氣。日本多數地方都把柴薪火爐當作用不到的東西，一年中有一半以上的時間都擺在房間一角，但地爐是每天都用得上的生活工具，在夏天裡也能夠享受火焰的美好。

杜父魚、櫻花鱒魚、鯰魚、石斑魚等

用繩子把麥稈綁成一束

弁慶

烤乾後，溪魚就成能夠久放的食物

鯽魚昆布卷

名稱來自於看似「弁慶站著往生」

杜父魚湯

地爐房很容易被燻黑而昏暗，即使在白天也要開燈（電燈）。地爐房最好至少有兩面是開放的（熱的時候能夠隔間）。高窗容易沾上煤灰，低一點的窗戶就不太會沾上煤灰。

採光窗

4 地爐的構造與再生

地爐的構造

　　地爐是基台使用石塊跟土搭成，在其內側貼上黏土，填入灰。地爐四周（與上方木板接觸的地方）是用木條框起來，木框可當作桌子使用（右圖）。

　　從建築物的梁垂掛一條自在鉤，在自在鉤掛上火棚（參照前頁）能保持建築物乾燥，並能燻製食物。

　　地爐房最好跟土間接壤，不僅便於搬運柴薪，打掃起來很方便，也有助於換氣跟採光。

排煙的方法

　　若是讓原本就存在的地爐重生，那麼房子屋頂應該設有排煙的開口。我們租的房子原本是群馬的養蠶民宅，由於一整年都養蠶，所以一、二樓都設有地爐，地爐裡燃燒柴薪跟木炭。在結構上，二樓是養蠶的作業場，因此一樓的天花板比

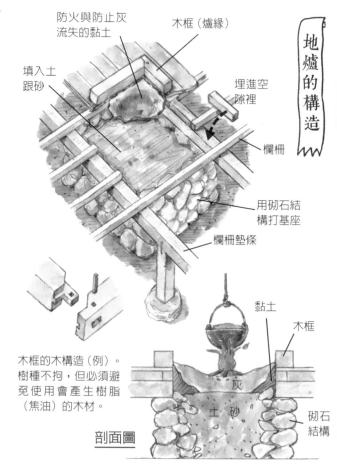

地爐的構造

防火與防止灰流失的黏土

木框（爐緣）

填入土跟砂

埋進空隙裡

欄柵

用砌石結構打基座

欄柵墊條

木框的木構造（例）。樹種不拘，但必須避免使用會產生樹脂（焦油）的木材。

黏土

木框

灰

土　砂

砌石結構

剖面圖

較低，但地爐上有堅固的建材貫穿，並且開了洞掛上自在鉤。天花板有開口，燃煙從那裡排到二樓（二樓有通風口。左下圖）。

　　若建了外屋，煙囪的開口必須位在屋頂高處，並加上小屋頂以防漏雨跟遮陽，也可考慮用管子跟煙囪（併用換氣風扇）來排煙。由於暖空氣會自然上升，所以只要在建築物的高處開口，煙就會自然朝該位置流出去，但也因天氣或氣壓變化，會使煙滯留在屋內。這時可把窗戶或門打開換氣，或是在能夠進行換氣的地方搭造地爐。如果只有使用炭，就不需擔心煙味，若是在封閉空間，有一氧化碳中毒危險，因此還是必須注意換氣。

製作地爐

　　希望對於地爐不僅是興趣，而是以實用的目

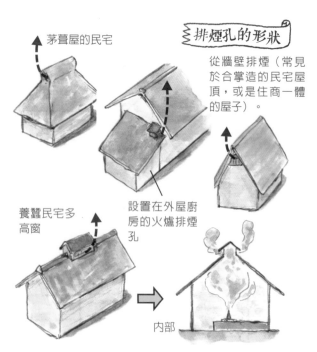

排煙孔的形狀

茅葺屋的民宅

從牆壁排煙（常見於合掌造的民宅屋頂，或是住商一體的屋子）。

養蠶民宅多高窗

設置在外屋廚房的火爐排煙孔

內部

的來讓它復活。接著以我們的經驗來介紹地爐重生的順序。

1）**建造基座**⋯⋯地爐底下的基座爲砌石構造。若是讓地爐重生，要把缺石塊的地方填補起來。新搭造地爐時，以欄柵墊條（※）的間隔（通常約 900mm）來考慮地爐的位置，然後鋸掉欄柵墊條間的兩根欄柵。在它的下方砌石。砌石的基本做法如同第二章所述，中央部分不是填入小石頭，而是填入土砂。每砌好一層都必須緊密搗固。若是日常生活中使用的地爐，木框的內圈大約 80cm 左右較爲實用，但長邊可調整到 90cm 左右，讓地爐稍呈長方形，烹調食物時會比較方便。根據這樣的尺寸來決定基座尺寸。

> ※ **欄柵墊條**⋯⋯地板基礎的橫向建材（粗）。通常是間隔 900mm，在欄柵墊條上架上欄柵（細），間隔為 300〜400mm，在上面釘上地板，是一般日式木構造建築的骨架結構（參照左頁圖）。

2）**貼上黏土**⋯⋯將基座砌到距離地板下 2〜3cm 位置時，就在上面擺上木框，木框跟石塊間的空隙全貼上黏土。也可用摻了稻草跟寸莎的土牆用黏土（自製方法參照第四章 p.110）。

3）**裝上木框**⋯⋯圍著地爐的木框必須比地板高3〜4cm。四個角落可用金屬製的榫或螺絲釘固定，但由於遇熱容易翻翹，因此必須使用經充分乾燥的木材。右邊的照片是用古老建材跟廢棄材料製作而成的例子。寬約 6〜15cm 左右，使用起來會非常方便。太寬的話雖然可以放東西，但距離取暖的火源太遠，操作起來也不方便。木框與砌石間的空隙需用黏土填滿。

4）**倒入炭灰**⋯⋯炭灰放久了會因帶有濕氣而易夾帶垃圾，這時最好換上新的炭灰。把從炭火堆、柴薪火爐或火鉢裡挖出來的灰保存下來。因爲想要用地爐裡的灰來烹調食物，所以不要用混有紙屑的燃灰，而是使用純度高的木炭灰。把炭灰倒進地爐前，先用篩子把小石子跟熾炭篩掉。不需等到黏土徹底乾燥，就可把灰倒進去（開始用火後便會自然乾燥）。炭灰的量大約比木框低

再生地爐

從地面往上搭造的石砌構造（原本就有）。

把舊的灰跟垃圾挖出來，裝上木框。在一側用廢棄的角材排出擺放柴薪的空間。

擺放柴薪的空間

貼上黏土以防炭灰落進石塊的空隙中。黏土是壁土再利用。

倒入新的炭灰。炭灰來自爐竈跟火鉢。

10 〜 15cm（中央較低）。最後掛上自在鉤即完成。

點火前先考慮滅火

　　地爐終於完成了，在享受生火的喜悅前，必須先準備自在鉤跟吊鍋或茶壺，把它們裝滿水後吊在自在鉤上，然後再生火。不能忘記地爐是「在室內的火」這件事。吊鍋能夠防止火焰跟火花往上飛散，水則是以防萬一滅火用，另外還需要準備滅火壺。稍後將介紹各式生火、滅火的方法。這裡先介紹自在鉤與鍋蓋的製作方法。

製作鍋蓋

地爐所必備的吊鍋，只要到古董店或在老用具的市場裡就能找到，但鍋蓋卻不好找。所以我用 p.52 提到的素材來做鍋蓋。

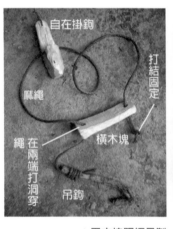
自在掛鉤
麻繩
打結固定
橫木塊
在兩端打洞穿
繩
吊鉤
番線
這裡掛上繩子

製作自在鉤

a

b

▲拼接木板來做鍋蓋
鍋蓋必須承受料理的蒸氣，所以最好不要用釘子。「燕尾榫」可防止鍋蓋翻翹變形，且非常堅固。可用一整片的木板當成面板，如果沒有，可把數片木板拼疊起來，不需使用釘子或接著劑。

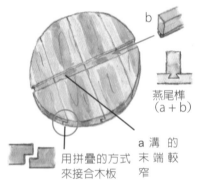
b
燕尾榫（a＋b）
用拼疊的方式來接合木板
a 溝的末端較窄

「惠比壽大黑」
櫟木製的自在鉤

▲用木塊跟繩子製作　於鉤子狀木頭（自在掛鉤）上移動的自在鉤，在日本北部的古老住宅中相當普遍（左圖）。在自在鉤上穿洞，綁上番線掛在梁上。因為木材需要承重，所以最好不要用容易斷裂的針葉樹。

移動橫木塊以調整高度
用樹枝做成
鍋子掛在這裡

c

d

e

邊觀察邊用木槌把握把敲進去（c）。用接木鋸把握把邊緣的角鋸掉，再用小刀修整（d）。在地爐用了半年後，變成下方照片（e）那種顏色。

為什麼地爐逐漸消失？

在地爐用柴薪來生火，就會產生燃煙。現代人生活並不習慣燃煙，所以里山生活中，理所當然流行使用柴薪火爐。我也這麼認為。雖然有人知道可讓地爐重生，但大家都盡量避免生煙，而使用炭。但我們搬進山裡的隔年，在群馬山裡的法師溫泉看到真正的地爐，我感受到「地爐真正的本質是火焰，不生火的地爐根本就不是真正的地爐！」。

實際生起火後，發現比想像中還要暖和，而且燃料的用量比柴薪火爐省。仔細一想，在人口密度高的日本，使用柴薪而不使山林過於荒廢，都歸功於地爐跟爐竈。一方面是使用柴薪火爐需要大量採伐樹木，而產生的開拓（掠奪）文化，另一方面印第安人跟蝦夷族則是使用地爐。

無論是多窄小簡陋的屋子，只要有一座地爐，就能度過嚴冬。光是想到它具有這種效力，就應該在地爐中生火。「冬天的老民宅很冷吧？」經常有人這麼問，出身於四國的伴侶，現在不用使用柴薪火爐就能度過嚴冬（用暖桌跟火缽）。薪火跟炭火能讓身體打從深處暖起來，而用這個製作的料理很美味，能暖到身體裡。

說起來，我小時候就不喜歡用石油火爐把整個屋子都燻熱。我喜歡的是在寒冷中綻放的那股溫暖。

「地爐是好東西」、「能讓屋子乾燥」，住在附近的老婆婆們都這麼說，「這麼好的東西為什麼不用呀……」。現在有很多人會在地爐裡擺上一座時鐘型火爐，但為什麼地爐會這麼輕易就消失了呢？

在戰後復興的高度成長期當中，地爐是前近代、封建時代的象徵，舉國進行「生活改善運動」（駐軍推廣，由農業改良普及員進行指導），雖然有一部分人反對，但青年跟婦女大多積極參與這項運動。戰後人口增加，住宅快速建造，還有燃料危機，有些農家連小樹枝跟樹葉都必須拿來當成燃料，有人因此眼睛或肺部惡化，再加上時代潮流中，許多人希望改善廚房環境，並產生西化的渴望。於是，在團結的農村、山村裡，彷彿大家講好的一樣，都把地爐封起來了。

以前地爐的座位有主位、主婦位、客席等，嚴格劃分出來。在地爐裡放木炭，把木框架高，鋪上棉被，就變成暖桌了。就算地爐變成暖桌，座位的劃分還是不變，直到電視機的出現才產生變化。電視機通常會放在大家都看得到的位置，也就是主位背後。

今後，說不定會出現附有未來型地爐的屋子。它是有小型的換氣風扇、燃煙的二次燃燒裝置，還附有整流器的地爐房。我還希望能讓土間復活，可在那個工作空間裡進行農業作業跟醃漬食物，是小型的「新‧文化住宅」。

在地爐裡擺上時鐘型火爐　還蠻方便的

5 地爐中用得到的工具

地爐既是暖爐，同時也是烹調、用餐的地方。接下來介紹現代地爐中，所需最小限度的工具。

自在鉤：到古董店裡能找到很多精美的自在鉤，但價格較高。可以自己做，也可請當地鍛冶店做。雖然把橫木塊雕成魚的形狀很有趣，但簡單的形狀會比較實用，且不容易看膩。

吊鍋、鐵瓶：一定要把其中一項裝滿水，掛在自在鉤上備用。在老一點的用品店裡買得到。也有鋁製、鐵製跟銅製品。

渡：扇形的五德，用在地爐上烤煮食物，但現在不易購買。可把用久的金屬網剪斷、折彎來代替。

火鉗：45cm 的不鏽鋼夾。有兩把會更方便。

小几：地爐的木框較窄時，可用薄木板做成矮几。若是可架在地爐上的尺寸會更加便利。

濕布：盡量擰乾的抹布，盡可能把灰塵擦乾淨。

Sierra Cup：有把手的不鏽鋼杯。從鍋裡舀熱水的工具。若是鐵瓶，可使用竹柄勺，但吊鍋的口較寬，最好用露營用的 Sierra Cup。

五德：擺放網子或調理用具的架子，也能使用單手鍋或平底鍋，用羽釜煮飯時也能使用。在農村裡五金行就找得到堅固又好用的火爐架。移動到想要使用的位置後，以火鉗從上面敲，把腳架固定到炭灰裡。

柴薪盒：金屬材質的盒子。

網子跟空罐：三個拆掉蓋子跟底部的空罐。在上面架上烤網，就能用來烤東西（左邊照片是在烤麻糬）。有時候五德太高離火源太遠。

掃帚：有把迷你掃帚會很方便。時時用它來清掃地爐四周。

附把手的小篩子：篩孔較大的金屬篩子（也可用來煮味噌湯），用來清掃炭灰，也可用它把炭灰移動到火鉢裡。連小塊的熾炭也挖得起來，非常方便。

十能：用來將地爐裡的熾炭移到火鉢裡，或炭灰過多時，把多餘的炭灰挖走。

工具掛架：用木頭自製而成。在圓切的樹幹插上樹枝。

放置柴薪跟工具的空間：地爐旁的某一側較低，平常都把用具擺在那裡。客人較多時鋪上木板當成客席。

滅火壺：存放熾炭的壺。只要蓋上蓋子就能熄火，因此可把炭灰盡量裝進去。

灰耙：雖然經常在古董店看到，但自己做也很有趣。也可用木製，我做的是在家居生活館販售的不鏽鋼製小十能，前端加工成波浪狀（右邊照片）。閒暇之餘，可用它翻耙炭灰，把垃圾碎屑翻上來，也可用來在炭灰上描畫紋路（參照 p.139）。

火吹竹：還用不慣地爐時，火很容易熄滅，所以用竹子來吹風，習慣後幾乎就用不到了，直接用嘴巴對著火堆吹氣，就能操縱火焰強度。

蝦夷族使用的木製灰耙

真是深沉！

6 地爐爐火的燃燒、熄滅方式

不能燒的東西

地爐的點火、維持火焰的方式，以及焚燒的方法，幾乎與炭火堆一樣。但是，與在戶外不同的是，廢紙、落葉等會讓燃煙產生不好味道的東西，或容易產生燃煙、煤的東西，都不要放進地爐裡燃燒。不僅會用地爐取暖，還會用來烹調，所以灰中若有化學性、人工性物質，都不要放進去。因為是在室內，所以也不希望產生不好聞的煙味。聽說過去會強烈禁止將不純淨的物質放進地爐裡燃燒。

素材方面，應避免燃燒竹跟松等容易產生煤的素材。容易爆裂的柴薪（杉木、檜木、栗木等），燒成熾炭時有可能飛散，這種柴薪只要從橫斷面開始燒，就不太會有爆裂情況發生。點火後柴薪就會開始燃燒，所以為了讓火焰持續燃燒，必須時時留意將柴薪往內推，或補上新的柴薪。重要的一點是，使用徹底乾燥的柴薪。

使用容易燃燒的柴薪

從細小的樹枝到樹幹，每種尺寸的柴薪都能放進地爐裡燃燒。衛生筷或牙籤也都派得上用場，尤其是杉木的枯枝，是最適用於地爐的柴薪，因為杉木的樹枝有著緊密的年輪。現在已經沒有人會去撿拾掉落在人工林裡的枯樹枝，但據說以前會用竹竿把枯枝敲下來，當作柴薪使用。

把長樹枝放在地爐的對角線上，從中央開始燃燒，就會分成兩半。這種燃燒方法可節省鋸斷樹枝的麻煩，非常方便（左圖）。

與砌石結構炭火堆不同的地方是，風來自四面八方，以及爐

把長樹枝放在地爐的對角線上

床是柔軟的炭灰。火床比周圍稍低，為了不要讓空氣滯留在燃燒的位置上，炭灰的表面必須平整，偶爾可用火鉗挖掘柴薪下面的灰床（下圖左）。

較粗的柴薪必須從斷面開始就火燒，這時可把斷面方的灰挖深，以使空氣流動助於燃燒（下圖右）。

確保空氣的流動

火床需較低，灰面必須平整，利用冷空氣的流動（冷空氣會往低處流動）。

將粗柴薪燃燒部分下方的灰挖深，打造空氣流動的空間。

蓋上一層厚炭灰，將火熄滅

只要不去翻動柴薪，地爐裡的火就會自然熄滅，但若希望盡快將火熄滅，可在柴薪蓋上一層厚厚的灰。這是因為冷的炭灰會降低火源溫度並遮蔽空氣。在風較強的日子，外出前除了在火源蓋上厚厚的灰外，還可把吊鍋或鐵瓶從自在鉤上取下來，壓在炭灰上，這麼做會更加保險。

蓋上一層薄炭灰，保持熾炭燃燒

使用粗的柴薪產生熾炭時，可在上面蓋層薄炭灰，雖然火焰熄掉，但粗柴薪會在炭灰中持續緩慢悶燒。蓋上一層灰能夠保持熱度，空氣也能從空隙中流進去，也就是柴薪在炭灰中保持「炭燒」狀態（此時會不斷升起細長的燃煙）。以前的人會應用這種性質來維持火種，而且還有續熱效果，隔天早上把炭灰刮開，就會看到裡面有燒紅的熾炭，空氣會在一瞬間暖和起來。這時把杉木葉放進去燒，送點風進去，火就會立刻燃起來。在嚴冬時期，非常推薦採用此方法。

7 熾炭的保存與利用方法

用地爐來製造木炭

　　長時間使用地爐，火焰下方的柴薪會燒成熾炭，火焰就容易熄滅（熾炭消耗掉氧氣，阻礙柴薪的燃燒）。這時可用火鉗把熾炭夾出來，放進滅火壺裡，或是把熾炭壓進炭灰中（這麼做可使炭灰跟木框的溫度上升，在冬天時非常推薦）。

　　地爐中隨時都在製作炭。雖然這種炭的火力比不上專門的炭，也不夠持久，但存放起來也可應用在許多地方。

用熾炭來烹調食物

　　把熾炭集中到炭灰的空位上，再架上五德，就能以極弱火來烹調燉煮類料理，還用它來煮豆子、保溫關東煮、煮濃稠又容易燒焦的湯。若想要用火直接燒烤肉類、干物類、蔬菜等，就加一點熾炭，把柴薪移到旁邊，在那裡架上網子，就能享受炭火燒烤料理。炭火燒烤感覺上是只能在晴天才吃得到的料理，但用地爐就能輕鬆完成。

　　把食物埋進炭灰裡烤，是地爐才做得到的烹調方法。把小馬鈴薯埋進接近火焰的炭灰裡，炭灰中熾炭的熱度，能把食物悶烤得相當美味。

保存與活用的方法

　　把熾炭放進滅火壺裡，蓋上蓋子火就會熄滅，放在裡面的熾炭並不會起火。滿了以後把它們倒出來，用篩子把炭灰跟粉炭篩掉後存放起來備用，也可用不要的鍋子取代滅火壺。必須注意，一定要把滅火壺的蓋子蓋上，當然也可以澆水滅火後存放。雖然需要花時間等水乾掉，但這種處理方式所得到的熾炭品質較好。

　　夏天時把熾炭保存起來，到了冬天就可用在火鉢或暖桌裡。熾炭容易點燃，非常方便。點火時可用家居生活館販售的專用「生火器」，放在瓦斯上燒2～3分鐘就會點燃。

　　可把燒成非常細小的炭或粉炭鋪在火鉢或地爐裡，將有助於提升火焰的持續效力，而且非常溫暖，也能撒到田裡或院子裡。

放炭的竹籃。內側貼有鐵皮，通常放在火鉢旁邊。

讓炭著火用的「生火器」。熾炭較容易點燃，馬上就可以使用。

沒有炭也可以 BBQ。先盡量燃燒柴薪（或做其他料理），使用燃燒過程中產生的熾炭來燒烤食物，也可使用存放在滅火壺裡的炭。

利用熾炭在生活中使用火缽

使用柴薪的黃金比例

在土間跟旁邊地爐房裡吃過晚餐後，我們會移動到隔壁的和室，在暖桌裡工作、看書，或用電腦上網、看 dvd。冬天時只有暖桌還是太冷了，所以會把地爐裡的熾炭移到火缽裡，用來烘手。把熱水跟茶壺也一起移進來，就時時都能用火缽煮茶了。

數十年前，生活中理所當然會進行「反覆使用薪與炭」，但現在即使是在住鄉下的熱潮當中，也很少聽人提到這話題。最搶眼的還是「柴薪火爐」，但柴薪火爐會消耗大量的柴薪，且如果不用粗一點的柴薪，一下子就被燒掉，效果不好，細小的枯樹枝也不能拿來當燃料。從現在開始要進行里山生活的人，若太依賴柴薪火爐，可能會落到柴薪不夠用的下場。

而且柴薪火爐不適合用來烹飪食物，最多只能拿來燉點東西。不能控制火力所以不適合烤東西，因此光是為了烹飪而把火爐點起來，是講不通的。此外，若天氣非常寒冷，柴薪火爐就是很棒的東西，但如果只是有一點冷，柴薪火爐的房間就會太熱。因此，一年當中有很長一段時間，柴薪火爐會是擺在房間裡多餘的東西。

地爐、爐竈、火缽（嵌入式暖桌）的生活形式，是來自於將土間跟榻榻米分開使用的日本人生活，而且是以最不會造成浪費的方式，所形成的柴薪使用黃金比例，這是我透過里山生活所實際體會到的感受。

火缽本身的溫暖與美味

那麼，在都市裡也想要用火、喜好戶外活動的人，應該會在住家院子裡一邊注意不要影響周遭住戶，一邊烤肉吧！但若使用炭跟火缽，就不需在意旁人，也能享受真正的火所帶來的愉悅。到老工具店就能買到便宜的小型陶器火缽。小型火缽便於搬動，使用起來非常方便。（但是太小也不好用，開口直徑最好至少有 20cm）。木製的方形火缽也很不錯，可試著自己動手做。

不僅可用火缽來燒水，也能用來烹飪。作家池波正太郎的美食小品中，就提到用小土鍋來品酒，若用的不是火缽，就沒有那種氣氛了。話說回來，我想到祖父以前會用火缽來烤銀杏或麻糬給我吃。架上網子就能當成火爐使用，用來烤魷魚乾也極為美味。有趣的是，用炭火加熱冷掉的食物，能消除雜味，重新把美味之處引出來，跟用微波爐加熱是完全不一樣的。

比較特別的是，在火缽的五德上架上平底鍋，然後烤「文字燒」。孩子們一定會很開心，並學到柴薪的火與料理間的關係，這又是「圍繞著爐火」才能產生的趣味。

冬天時把地爐或爐竈的熾炭移到火缽裡。用十能來移動，並注意不要讓它掉到地上。

但在氣密性高的現代住宅當中，必須時時留意通風換氣。數公釐也好，窗戶開一點縫，刻意讓風吹進屋內（非常簡單）。

鼯鼠小玉的冬天得靠火缽篇

燒炭

※在沒有瓦斯跟電力的時代，柴薪跟炭非常活躍，尤其炭輕又不易生煙，是非常重要的燃料。

關葉樹砍掉後會從切口長出新枝

炭窯

裡面塞滿炭材

要在檢木含水量少的寒冷時期採伐。燒炭是農閒時期的重要工作。

在這裡燒炭

一開始會產生白煙

用黏土製作

容易買到

「岩手切炭（檢樹）」6kg 1760 日圓
あきる野市五日市稻草屋有限公司
免費電話 0120-64-0016

大家用什麼來取暖呢？

暖烘烘～

我家是用火缽！看著火光就很開心，像被包圍住的溫暖，讓人拒絕不了！我也喜歡炭的味道！

火缽的用具也很有趣！

南部鐵瓶　烤網　用湯匙代替灰耙

杉木炭　檢木炭　竹炭

家居生活館販售的生火器

五德　也有這種五德

購自古董店的火箸 內寸19.5cm

在「kirinkan」有賣西多摩製作的炭。（1kg 300日圓）。火缽裡最好使

用瓦斯火烤5分鐘左右，略呈紅色即可。

各式各樣的火缽

我們家的火缽是奶奶給的。據說以前小吃店的人會用這個火缽給客人烘手，體積小所以方便移動。火缽的好處就是任何人都能從今天開始使用。若是柴薪火爐這點就辦不到。

陶製　金屬製　木製的火缽 幹掉空

銅板　櫸木材

把桐木樹幹挖空

放黑炭灰大約八分滿。若不夠，下層可放砂礫。

使用方法

用火鉗在這裡挖洞就能順利把火點燃

檢炭的部分較易燃

這裡很燙！變燙後就在炭的周圍蓋上灰。

松樹的圖

埋進灰裡就會熄滅

同樣的東西在附近古董店裡賣1500日圓（特價）！

用火缽做文字燒

準備的東西

·高麗菜
·長蔥
·豬肉
·花枝
·蝦仁乾
·紅薑
·明太子（先剝開）
·起司（切塊）

切碎

小麥粉加水攪拌溶解

加入少許伍斯特醬（Worcestershire sauce）

①用油炒配料排成圓圈

②把溶解的小麥粉倒到料中間，熟了之後再攤上配料，淋上小麥粉移動到火缽上……

吃文字燒時使用的小鏟子，自己動手用竹片做做看吧

好燙…

沒有留空隙的話火會熄掉喲

據說從奈良時代就開始使用火缽。但平民是從明治之後才開始使用。

「枕草子」中有描述到火缽（火桶）

火缽使用注意要點

●勿在四周擺放容易引燃的東西（有時檢炭會爆裂）
●燒炭要調風。像這樣把窗戶留一點縫隙。

●炭火會讓食物更美味。小心不要吃太多！

用火缽烤銀杏

為了這一天，把秋天的銀杏都摘下來吧！

先用牙齒把外殼咬開

放在炭的旁邊

外殼稍微烤硬後就OK了！

年糕　法國麵包　乾物類　人形燒　魷魚乾

先用瓦斯爐煮　鐵製平底鍋

※筆者住在東京多摩時，在木工咖啡館的「kirinkan」新聞中連載的系列（共六幅）。裱框的原作在店內常設展出。「kirinkan」東京都西多摩郡日之出大久野二一五七 TEL 042-597-6256

MASANOBU★2002.12.23

清少納言

8 灰的利用方法

灰的農業利用

　　地爐用久了會積滿木灰，把它們挖出來，可利用在很多地方。薪當中含有數十種礦物質。柴薪經燃燒氣化排放到空氣中後，剩下來的東西就是灰。火堆或地爐裡的灰是礦物質（鈣、鎂、磷、矽、鈉、鋁、鐵、鋅等）的寶庫，也能當成「天然肥料」、「天然農藥」，具有以下功效。

在大塊馬鈴薯塊莖的切口撒上灰，是從以前流傳下來的消毒方法。

1) **土壤改良**……為連續耕作而貧乏的田地補充礦物質，使土地回復平衡。此外，灰是鹼性，也能用於改良酸性的土壤。

2) **土壤菌的改良**……活化土壤中的好菌（屍體的寄生菌＝麴菌、納豆菌、乳酸菌、酵母菌等），防範病原菌（活體的寄生菌＝稻中的稻瘟菌、馬鈴薯的疫病菌等）。

3) **驅除害蟲**……炭灰加水溶解後噴灑在四周，能夠驅除蚜蟲跟蟥象等害蟲。

4) **消毒效果**……把灰撒在馬鈴薯塊莖的切口上，具有消毒功效，球根或塊莖分株栽種時，先在切口撒上大量的灰，能夠提升萌芽率。

　　在昭和前半期，日本的田地並沒有什麼病蟲害，也不像現在噴灑農藥，就能栽培出作物。但是，自從不燒東西後，日本的田地便極為缺乏礦物質，導致病蟲害入侵。爐竈、地爐滅絕、化學肥料跟農藥的大量使用，也導致了相同後果。

灰的生活利用

　　灰能用於陶藝的釉藥、染色的觸媒、去除料理的灰汁等。尤其是藍染時，炭灰就非常重要，過去還曾有「灰屋」這樣的炭灰專賣店。

　　灰也能用於料理中。把生芋做成蒟蒻時，古老流傳下來的做法是使用灰汁（下面照片）。另外像是處理橡樹的果實或櫟樹的橡果時，可用加了灰的水來煮，煮熟晒乾後就能存放一段時間。在沖繩，會用木灰來做蕎麥麵，用木灰汁取代鹼水。鹿兒島與宮崎，有稱為「鹼粽」的食物，是用灰汁煮糯米，然後製成麻糬，在炎熱的夏天中

▼用灰汁將生芋製成蒟蒻

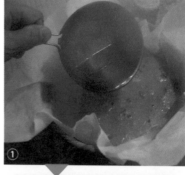

①在竹篩上鋪和紙，放上灰後淋上熱水。
②用碗公盛接灰汁，作為凝固劑使用。
③把生芋煮熟、磨細。倒入灰汁徹底攪拌，不久後會變硬。
④變硬後便可煮熟食用。切片做成蒟蒻生魚片也很好吃。
※ 把灰汁倒進沸水中，就能快速過濾。最好使用青剛櫟、麻櫟、櫟木等闊葉樹的木灰。

特別受歡迎。在新潟有「竹葉鹼粽」，用竹葉把泡過灰汁的糯米包起來，然後煮熟。每種都是使用灰汁製作的鄉土料理。

過去為了防止酒類腐敗，會把灰汁煮開放冷後混進酒中，也會用木灰來製作麴菌。灰的鹼性能夠防止雜菌繁殖，礦物質能強化孢子並增加儲存性。最好的木灰據說是月桂樹，尤其是椿。這是其他國家見不到，日本特有的灰的利用方法。

灰也能用於廚房清潔，能夠有效清除油污。清理老民宅木材上的污漬時，會用棕刷沾一點「鹼性洗劑」，也就是泡了灰的水來清除污漬。

還能用來製作土器

在炭灰的特殊使用方法中，有種用法是製作繩紋土器。一邊加入炭灰一邊塑形，黏土會乾得很快，也可用地爐的炭火直接燒製半乾的土器。並不是直接用火燒，而是透過接觸燃燒中的炭來加溫。這種方法在吉田明寫的《何時何地都能進行繩紋室內陶藝》這本書中有詳細解說。

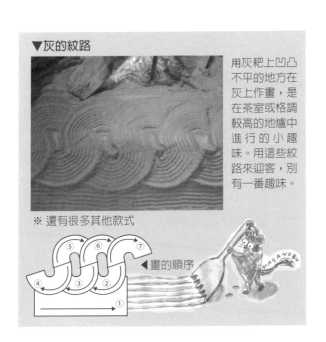

▼灰的紋路

用灰耙上凹凸不平的地方在灰上作畫，是在茶室或格調較高的地爐中進行的小趣味。用這些紋路來迎客，別有一番趣味。

※ 還有很多其他款式

◀畫的順序

用灰跟地爐來製作土器

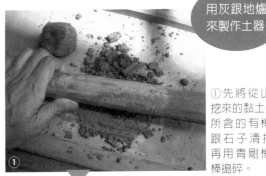

①先將從山裡挖來的黏土中，所含的有機物跟石子清掉，再用青剛櫟木棒搗碎。

②加水後揉捏成清酒杯形狀。

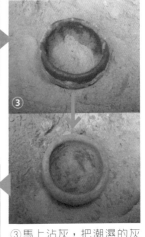

③馬上沾灰，把潮濕的灰拍掉，撒上乾的灰，反覆進行數次。
④一個小時後變硬。

⑤放到地爐的灰裡面，慢慢靠近火源，用熾炭燒一個晚上。熾炭附近的灰很滑順，會像水一樣流動。把酒杯埋在那裡面，擺上熾炭燒。

⑥隔天早上燒好的清酒杯。燒的程度還不太夠，所以要再燒一個晚上才完成。

9 地爐房的使用方法

不要讓燃煙流進起居室裡

現代生活中使用地爐的重點是，將地爐房當成用餐跟聊天的空間，在地爐房之外，另外設置一個「起居室」，並防止燃煙跟塵埃跑進去。

若是在一樓使用地爐，就要想辦法不要讓燃煙流進二樓的起居室裡。可考慮使用管子、煙囪跟換氣風扇來強制排氣。

清掃燃灰的訣竅

如果用現代的吸塵器來清除燃灰，很快就會被細小的燃灰堵塞住，而且只會揚起更多塵埃，最好還是用抹布擦拭。若地爐房裡有玻璃窗或隔間紙門，一下子就會變成黃褐色。據說以前的人會在年尾大掃除時清除煤灰，並換掉紙門上的紙重貼。

也可鋪榻榻米

一般的地爐房通常是在地上鋪木板，我們現在則實驗性的在地爐房裡鋪了榻榻米。雖說是榻榻米，但裡面是建材地板（用木材的芯片固定而成）的便宜貨，不過卻很溫暖，可在地爐房的地板上滾來滾去，讓人覺得更親近了。

但是爆裂的熾炭掉到榻榻米上，很多地方都燒出小洞。塵埃飛散而一直用抹布擦，榻榻米很快就變髒了，而且擦得太勤快，榻榻米的表面很快就受損。

我們在地爐的一側鋪上木板，將柴薪跟滅火壺都放在那，盡可能不要弄髒榻榻米。儘管如此，榻榻米的美好跟溫暖，還是令人難以捨棄。

把地爐的火帶進現代生活中

若一直使用地爐卻不勤於打掃地爐房，房內一定布滿塵埃，變得一團糟。但是，只要勤於用抹布擦拭（把水盡量擰乾），無垢的木板一定會散發美麗的黑色光澤。整理乾淨的地爐房，就猶如現代的茶室般。

當然衣服或頭髮也會沾上塵埃，但只要洗衣服跟洗澡就能洗得掉。做任何事情都是低科技、高勞動的過去，跟現代生活非常不一樣。現在已經是能夠享受整理乾淨的地爐空間的時代。

現在的地爐，只停留在享受燃燒炭火作為一種興趣的程度，這實在太可惜了。確實掌握地爐中的爐火，對於初學者而言並不容易，而且偶爾還會讓滿屋子都是煙，但是只要能夠自在地操控炭與火，地爐可說是最低成本、低衝擊的「火爐之王」。

我希望能將這火焰帶回現代人的生活當中。

有地爐的屋子

木造、土牆、粉刷

希望年輕人住在這樣的房子裡

地爐房

地爐房

MASANOBU

移動式爐竃與浴室用火爐

「小竃君」

我們的炭火、地爐生活中，還有兩個重要的東西。一個是金屬鑄造的小型爐竃，外號「小竃君」。

是跟在 p.122～123 提到的「小薪」一起被送到我們家的，據說以前全國都是用這種類型、大小的爐竃。上面的配件已經不見了，現在用金屬網取代。天氣好時，白天我們就不會用地爐，而是在院子裡用小竃君生火煮飯。

前陣子，我在以鑄造物聞名的琦玉縣川口市尋找爐竃。因為搗麻糬的慣例還會用到中型爐竃，所以還有在生產，但我們用得最習慣的、跟小竃君尺寸相同的爐竃，卻已經停產了。

「浴室用火爐」

另一個是里山生活進入第四年時，開始使用的浴室用火爐。原因是我們試著在院子裡用汽油桶罐當浴盆，讓整個身體都暖起來的那份感動。而且，多虧了地爐讓柴薪的消耗量降低，所以就想把那些柴薪用在浴槽上。

一直使用的複合式浴室還是保留下來，只要裝上以前用的煤油燈跟配管就完成銅製的浴室用火爐。

接上煙囪，讓煙不會流進屋內，所以也可當成廢紙的焚化爐。舊的浴室用火爐，使用的是燈油導管、計時電線、電壓一百伏特的插座，再加上接地線、配線配管等，非常複雜，這個火爐則很單純，周圍也變得很乾淨，也不再有難聞的燈油味跟鍋爐的轟隆聲。

多虧了它，我們把小竃君移到擺放浴室用火爐的土間裡使用，就可一邊燒洗澡水，一邊

吃晚飯。在土間上方的梁上掛一條自在鉤，就可用來燒開水，架上網子則能烹調食物。此外，浴室用火爐還具有柴薪火爐的效果，能夠用來取暖。

金屬鑄造的爐竃堅固又好用。開口的部分跟放炭火等小地方都很講究，有著專業人士的堅持。左邊照片中前面是在川口博物館發現的「小竃君」。希望能夠再次生產！

循環式浴室用火爐，直接活用具有雙重用途的配管。販賣商為「sunstar 販賣股份有限公司」琦玉縣川口市青木 2-6-35，TEL 048-252-3276

結語

iMAC 與小暖爐

　　本書原本預定 2008 年底完稿，但一延再延，拖了近半年。我是本書的撰寫者，並負責插畫、排版與電腦編輯，然而期間我的愛機 PowerBooG4 卻故障了（使用過度？）今年緊急買了一台 iMAC。大量的數據跟程式全都移到新電腦，然後開始進行文章的收尾工作，所以才會拖了這麼久。

　　在車子開不進來的山裡，我用的是超慢的網路，所以與編輯接洽都是靠電子信箱寄送 pdf 檔。修改後的原稿，編輯再郵寄過來，我看了原稿後再用電腦修改。細節的討論就用電子信箱或電話聯繫……如此反覆進行。

　　近年來電腦的性能突飛猛進，能夠輕鬆編輯處理數百張照片、大小高達幾ＧＢ的檔案。我吸收網路的資訊，分析後再應用到工作上。即使住在深山也能做到這種程度，真是厲害的時代。

但生活方式卻如同書中提到，非常低科技。我來不及把它寫進正文中，但今年，我們家又多了台重要的暖爐，是從很久以前就想要的小暖爐。我想要在這邊介紹它。

　　小暖爐是有小屋頂的迷你火缽，將炭放進去燒，就能當作暖桌的熱源。我在古董店發現飽受風霜的它，竟然只要一千塊（！）因為少了放炭的小缽，所以才會賣得這麼便宜，但店裡的老伯說「只要用種花的小盆子來替代就行了」，並賣給我一個 500 日圓大小剛好的小盆子。

　　冬天坐在桌子前工作時，會很想把火爐點起來，但它不僅會消耗大量柴薪，而且「沒有人在的地方也會暖起來」，這太浪費柴薪了。只需一張可擺桌上型電腦、在上面畫圖工作的暖桌，就能解決這問題，所以我開始想要一個小暖爐。我們把小桌子跟一直使用的插電暖桌並排，蓋上一張大暖被，然後把小暖爐放在暖被裡。

　　實際使用後非常訝異，這個小暖爐能讓這麼

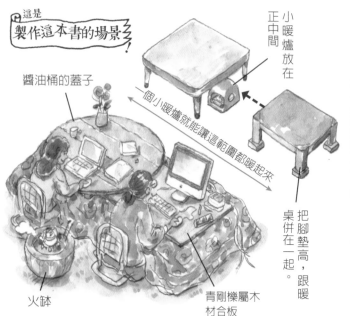

這是製作這本書的場景

醬油桶的蓋子

小暖爐放在正中間

放灰、豆炭或熾灰

一個小暖爐就能讓這範圍都暖起來

把腳墊高，跟暖桌併在一起。

火缽

青剛櫟屬木材合板

▲這就是小暖爐（一千五百日圓）

這裡有個小洞

有屋頂，裡面是中空

側面、背面都有小圓窗，比較安心。

陶製的小花盆

即便不是嵌入式暖桌，也可使用的便利小暖爐。裡面放置裝了灰的小花盆（用石塊堵住底部的洞）。

大的暖桌暖起來，而且是既柔和又強烈的暖度！不會有插電暖桌那種讓人不舒服的激烈熱度。

從那天起，我們就不再使用插電暖桌了。雖然用炭會有很多不便，但卻還是想要用小暖爐。小暖爐裡用的是一般市面上販售的豆炭，也可用熾炭。如果使用熾炭，可跟地爐和火鉢連動，馬上就能點燃。於是，我又要說那句抱怨的話。

「為什麼日本人會如此輕易放棄這麼棒的東西呢」。

附帶一提，若小暖爐壞了，把它打碎就能回歸土地，不像插電暖爐還要煩惱該怎麼丟。這是土跟火的文化寶藏。

我眼前有台 iMAC，腳邊擺的卻是小暖爐，就是以這種高科技與低科技的折衷風格，來完成這本書。

生水與表土

在《圖解 培育山林的道路設置》後記中，我有談到日本山林「表土的豐饒程度」是非常特殊的。熱帶或寒帶的表土很貧瘠，就算是溫帶，也並非所有的表土都很豐饒。像日本這樣有著豐富雨水跟日照，能夠使植物豐茂生長的地方相當罕見，因此山林的表土非常豐饒。

在撰寫這本書時，我又發現其中的關聯性，那就是為何日本的水，品質好到能夠生飲的原因。

世界上很少國家的「水能夠生飲」。先不論井水，在日本，以前就連平地上的溪水，都能作為飲用水。過去，造訪橫濱港的遊輪，都會帶走日本大量的水作為飲用水，那些水就算越過赤道也不會腐敗。

這是因為水經過「慢速過濾法（生物淨化）」而受到淨化（本書 p.78）。由此就能理解水之所以不會腐敗的道理了。這種淨化方式的關鍵在

1）持續不斷的水流
2）水中的砂（土）存在微生物群
這兩點。

也就是說，日本山林中的水既美味又能生飲，是由於有溫潤的氣候與風土（※），而「豐饒的表土」中含有微生物群。但若只是雨水豐沛、地表上的微生物群豐富，還不足以形成這樣的結果，在地面下、水中，也有豐富的微生物才是關鍵。這就是影響森林環境的重要原因。

我們居住在這麼美好豐饒的土地上，應該要更加深入認識它。

> ※ **溫潤的氣候與風土**……居住在都市，或許很難體會日本山林中的溫潤。即便在同個區域，都會區跟山區的雨量也是山區較為豐沛。氣象台的雨量觀測通常是觀測都會區內，所以實際的雨量應該更多。日本山裡有很多水澤，且瀰漫著濃霧。在天氣好的日子，早晨的森林草地朝露豐沛，甚至需穿上雨衣來遮蔽（這些露水跟霧水都不會計算在雨量的數值中）。有人說是「森林的蒸散作用降低了保水力」，我真的希望這些人能體驗一下里山生活。

捨棄土跟水的日本人

只要有土，自然就會有植物生長，用手斧一邊割草，一邊調整它們的生長狀況，打造出有層次又有利用價值的植物環境，還能藉以培育出豐沛的儲水，這就是保護里山環境的核心工作。

但是，日本最近幾年與那段高度成長期極為相似，以驚人的態勢奪走許多土地，不斷開發的道路、郊外陸續蓋了許多巨大的綜合型店鋪；農地被混凝土跟柏油路覆蓋，排放廢氣的汽車在路上往來，燈火明亮的市場營業到深夜（無論是否有來客）。

因此，區域性的商店街遭到破壞性衝擊，店面一間間將鐵門拉下來。請看下方的模式圖。

過去以山為自然的核心，山提供了資材與燃料。生於山中的泉水與肥料，讓農田能夠生產糧食作物，其中產量最高的是都市周邊的平原與丘陵地。由於接近消費地區，從很久以前就密集的在該處開闢田地，而日本山峻流急，養分會自然集中到平原地區。日本人耗費了大量的時間與勞力，打造出如此充實的土地結構與水路網絡。

郊外興建的新世代住宅，使用的大多為石油素材製成的新型建材，建築物的使用年數甚至不到二十年。屋子損壞後，建材無法再利用，也無法回歸土地。「那是用大型垃圾建成的房子」，甚至有人會這麼揶揄道。此外，我們生活上使用的殺蟲劑、農地周圍的除草劑、排放廢氣等都是化學物質，會污染土地。

我甚至可以說，日本人不僅遺忘了自己擁有豐饒的土壤與水源，還在無意識中捨棄了它們。

過去
生產、消費的連續性

人工的城市

都市周邊的田地、里山
（生產的核心部位）

山脈
（自然核心）

現在
生產、消費的斷絕

商店街沒落與人口減少

都市人口環狀分布

整頓基地導致田地人工化與里山棄置

都市周邊的郊外店鋪

山林山村的棄置、荒廢

然而，那些田地遭到摧毀，道路與郊外的商店隨意設立，住宅也大量增加。都市裡的商店街因而停業，年輕人也減少了，形成環狀化的人口分布形態。另一方面，山區、農村逐漸荒廢且人口減少。在過去，接續起來的生產與消費地區，現在已經斷掉了。

那麼，都市裡消費的資材跟燃料來自何處呢？大多是海外進口。因此，即使忽視生產與消費的連續性，依然能夠生活下去。

但問題不僅如此。商品輸入，接下來面對的就是垃圾問題，產生將垃圾分解燃燒後丟棄到山裡的現象。這些垃圾會對自然界造成負荷，也無法回歸大地，而且還含有化學物質，污染水系。

對髒污的錯誤認知

不可思議的是，很多人並不是知道這是件壞事而故意去做，而是因為很方便、很乾淨，所以才這麼做，眼前正好有餌食，所以才會撲上去。化學工業所產生的多餘東西，都是在生活過程中被丟棄出來的。

在這四年半，我住在山中老民宅裡，身邊的東西都是天然素材製成，每次使用地爐時，我都會用抹布來擦拭，它的面貌會不斷改變，變得更加深沉且溫潤。這讓我開始慢慢覺得，無垢的天然素材是多麼高貴的一種東西。

不知何時開始，我們對塑膠壁紙、膠合板，或充滿樹脂、塑膠加工製品的空間感到不適與反感。

我在展開里山生活後，所產生的另一個改變是對髒污的概念。比如說髒污液體潑倒在桌子上，只要用抹布擦拭就好。若還留有不好聞的味

144

道也沒關係，過一下就會散掉。那並不是揮發，而是被桌子表面上的微生物分解掉。

這時就可談到「未經氯消毒的山泉水」與「地爐與爐竈的燃煙跟灰」的效果。沒有使用氯殺菌的地方，微生物會非常活躍，而被稱為雜菌的東西，會因燃煙跟灰的鹼性成分而衰弱。以前人們會利用這種效果，來製造麴菌（p.139）。我都會一直想像室內物品的表面，甚至是我們的皮膚上，這些菌類時時刻刻都在產生變化（用「氣味」來判斷那種變化是好是壞）。

在棄置的老民宅跟四周土地，布滿了黴菌、生物屍體跟老鼠糞便，我在清理時甚至會覺得有點恐怖，但自從發現「微生物能將髒污轉化到新的方向去」後，就不再感到恐慌。換句話說，這也是「水與火的淨化能力」。

話說回來，現在社會對於火堆與燃煙的毀謗與中傷到底是怎麼一回事？明明那些人生產出來的垃圾，實際是被送到巨大的焚化廠燒燬，然後燃灰被扔進山裡，而且他們還不斷使用殺菌劑來高唱無菌的生活環境。

近來，類似口蹄疫的病原菌引發社會騷動，在投與藥物前，大家是不是應該先去火堆旁烤烤火呢！

將里山生活方式應用到都會生活

我曾在部落格寫過「試著在都市中實行地爐天然農業計畫」這樣的文章。

若郊外的大型店鋪是以巨大的鋼鐵骨架大樓跟低價位來出擊，那麼都市裡冷清的商店就能這樣迎戰。首先，準備好柴薪與純淨天然水（飲水井或湧泉）。用砌石構造、木造構造、土壁、灰泥牆打造出正統的木構造建築，在裡面裝上煙囪、開闢出土間，並讓地爐跟爐竈復活，用那些火來烹調食物。田地裡用的是取自森林的土壤，並進行堆肥，還有使用柴薪燃燒後產生的灰，徹底執行天然農業。在餐廳（不進行嚴謹的商業行為，而是類似休閒咖啡館的地方）旁設置蔬菜市場。在保留現有供水道、污水道、供電、瓦斯等設備同時，將都會生活轉換為活用鄰接的里山。如此一來也能解決教育跟醫療問題！

環境問題與自然生活方式，光靠理念絕無法持久，也不會成功。這些都必須是「快樂」、「美味」、「優美」、「健康」、「令人感動」的東西。透過我親身體會到的里山生活經驗，倚賴著木、火、水、土來生活，讓我確信那一定會是相當美好的一件事。

那麼，下個階段，我們會朝著靠近都市的里山郊外環境前進，在那裡實踐、創造該種生活方式，希望各位能夠繼續支持與協助。

最後，想要對讓我自由使用土地的房東，還有至先生、村落裡的各位，致上深深的謝意。

2009 年 5 月 大內正伸

附録

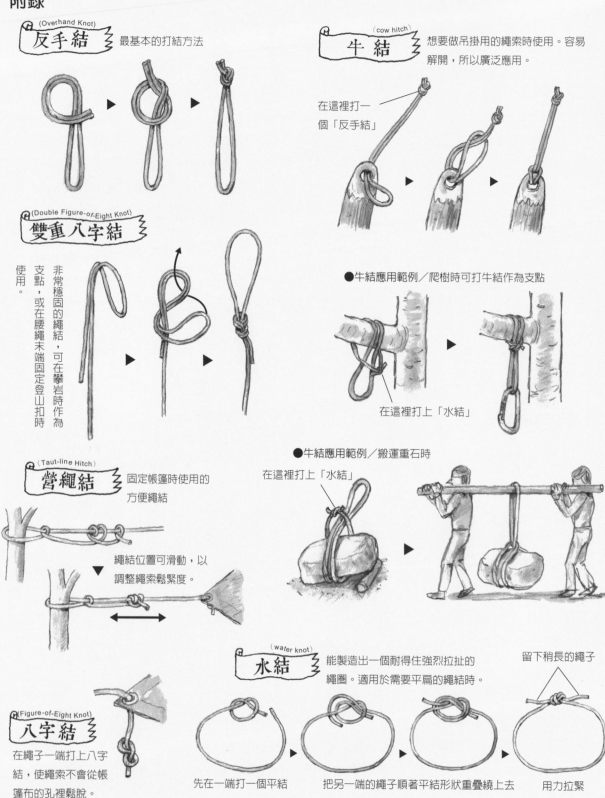

反手結 (Overhand Knot)
最基本的打結方法

雙重八字結 (Double Figure-of-Eight Knot)
非常穩固的繩結，可在攀岩時作為支點，或在腰繩末端固定登山扣時使用。

營繩結 (Taut-line Hitch)
固定帳篷時使用的方便繩結

繩結位置可滑動，以調整繩索鬆緊度。

八字結 (Figure-of-Eight Knot)
在繩子一端打上八字結，使繩索不會從帳篷布的孔裡鬆脫。

牛結 (cow hitch)
想要做吊掛用的繩索時使用。容易解開，所以廣泛應用。

在這裡打一個「反手結」

●牛結應用範例／爬樹時可打牛結作為支點

在這裡打上「水結」

●牛結應用範例／搬運重石時

在這裡打上「水結」

水結 (water knot)
能製造出一個耐得住強烈拉扯的繩圈。適用於需要平扁的繩結時。

留下稍長的繩子

先在一端打一個平結　　把另一端的繩子順著平結形狀重疊繞上去　　用力拉緊

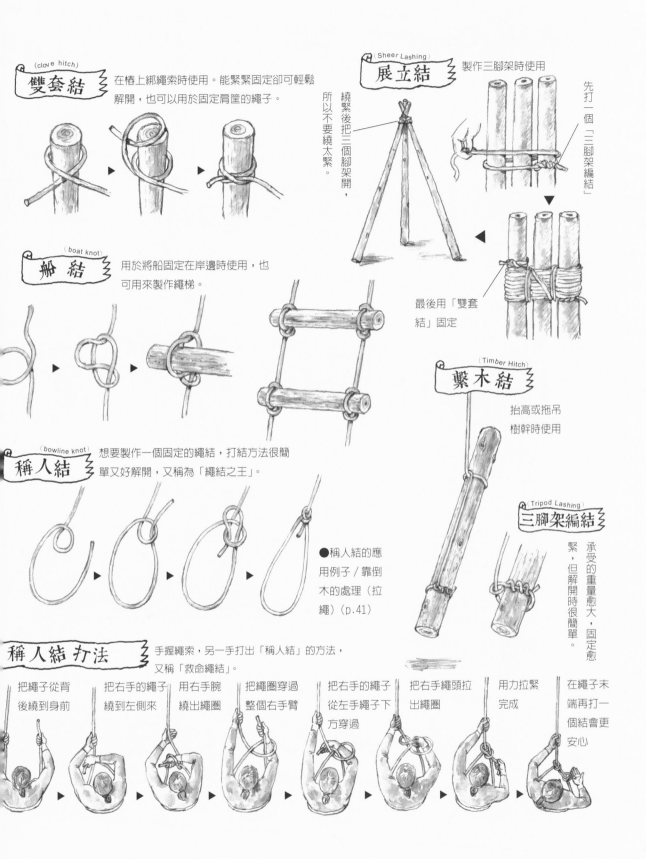

（clove hitch）
雙套結
在椿上綁繩索時使用。能緊緊固定卻可輕鬆解開，也可以用於固定肩筐的繩子。

（Sheer Lashing）
展立結
製作三腳架時使用

繞緊後把三個腳架開，所以不要繞太緊。

先打一個「三腳架編結」

最後用「雙套結」固定

（boat knot）
船　結
用於將船固定在岸邊時使用，也可用來製作繩梯。

（Timber Hitch）
繫木結
抬高或拖吊樹幹時使用

（bowline knot）
稱人結
想要製作一個固定的繩結，打結方法很簡單又好解開，又稱為「繩結之王」。

●稱人結的應用例子／靠倒木的處理（拉繩）（p.41）

（Tripod Lashing）
三腳架編結
承受的重量愈大，固定愈緊，但解開時很簡單。

稱人結 打法
手握繩索，另一手打出「稱人結」的方法，又稱「救命繩結」。

| 把繩子從背後繞到身前 | 把右手的繩子繞到左側來 | 用右手腕繞出繩圈 | 把繩圈穿過整個右手臂 | 把右手的繩子從左手繩子下方穿過 | 把右手繩頭拉出繩圈 | 用力拉緊完成 | 在繩子末端再打一個結會更安心 |

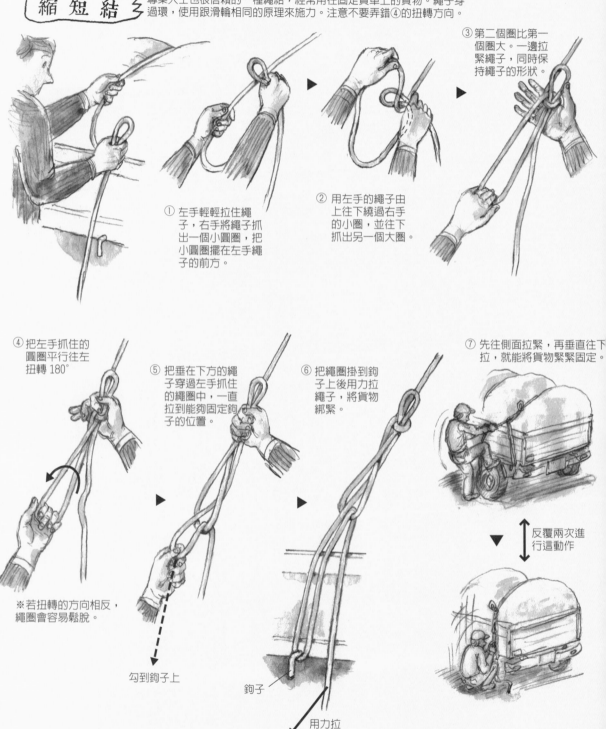

(Wagoner's Hitch)
縮短結

專業人士也很信賴的一種繩結，經常用在固定貨車上的貨物。繩子穿過環，使用跟滑輪相同的原理來施力。注意不要弄錯④的扭轉方向。

③ 第二個圈比第一個圈大。一邊拉緊繩子，同時保持繩子的形狀。

① 左手輕輕拉住繩子，右手將繩子抓出一個小圓圈，把小圓圈擺在左手繩子的前方。

② 用左手的繩子由上往下繞過右手的小圈，並往下抓出另一個大圈。

④ 把左手抓住的圓圈平行往左扭轉180°

⑤ 把垂在下方的繩子穿過左手抓住的繩圈中，一直拉到能夠固定鉤子的位置。

⑥ 把繩圈掛到鉤子上後用力拉繩子，將貨物綁緊。

⑦ 先往側面拉緊，再垂直往下拉，就能將貨物緊緊固定。

反覆兩次進行這動作

※若扭轉的方向相反，繩圈會容易鬆脫。

勾到鉤子上

鉤子

用力拉

⑧ 把繩子繞到鉤子上，
防止繩結鬆脫。

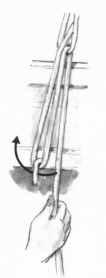

⑨ 把繩子塞進繩結內側，
繞一個繩圈，再把繩
圈勾到鉤子上。

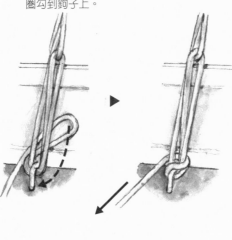

⑩ 用力拉緊繩子。

▼綁繩索的方法

在兩處以上以縮短結固定

⑪ 再繞一個繩圈將繩子
拉緊，能更加固定。

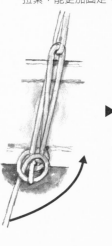

⑫ 繩子多出來的部分
可繞著繩結，最後
塞進裝載台裡。

▼運載長形樹幹時

用繩子把
樹幹綁在
一起

繩索在樹幹
下方交叉

繩索交叉點後
方使用縮短結
固定

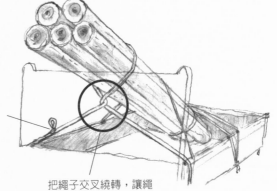

把繩子交叉繞轉，讓繩
子緊緊固定住樹幹。

國家圖書館出版品預行編目 (CIP) 資料

里山生活基本術／大內正伸圖.文；陳盈燕譯. --
初版. -- 台中市：晨星，2015.05
　　面；　公分. --（自然生活家；17）
譯自：山で暮らす愉しみと基本の技術
ISBN 978-986-177-984-3（平裝）

1.農村 2.生活指導 3.簡化生活

431.46　　　　　　　　　　104002281

　自然生活家O17

里山生活基本術
山で暮らす愉しみと基本の技術

圖‧文	大內正伸
翻譯	陳盈燕
主編	徐惠雅
執行主編	許裕苗
內頁編排	許裕偉

創辦人	陳銘民
發行所	晨星出版有限公司
	台中市 407 工業區 30 路 1 號 1 樓
	TEL：04-23595820　FAX：04-23550581
	http：//star.morningstar.com.tw
	行政院新聞局局版台業字第 2500 號
法律顧問	陳思成律師
初版	西元 2015 年 05 月 6 日
	西元 2021 年 07 月 6 日（三刷）

讀者專線	TEL：02-23672044 / 04-23595819#230
	FAX：02-23635741 / 04-23595493
	E-mail：service@morningstar.com.tw
網路書店	http：//www.morningstar.com.tw
郵政劃撥	15060393（知己圖書股份有限公司）
印刷	上好印刷股份有限公司

定價 399 元
ISBN 978-986-177-984-3

YAMADEKURASU TANOSHIMITO KIHON NO GIJUTSU by Masanobu Oouchi
Copyright © 2009 Masanobu Oouchi All rights reserved.
Original Japanese edition published by NOSAN GYOSON BUNKA KYOKAI(Rural
Culture Association)
Traditional Chinese translation copyright © 2015 by Morning Star Publishing Ltd.
This Traditional Chinese edition published by arrangement with NOSAN GYOSON
BUNKA KYOKAI(Rural Culture Association), Tokyo, through HonnoKizuna, Inc.,
Tokyo, and Future View Technology Ltd.

◆ 讀者回函卡 ◆

以下資料或許太過繁瑣，但卻是我們了解您的唯一途徑，
誠摯期待能與您在下一本書中相逢，讓我們一起從閱讀中尋找樂趣吧！

姓名：＿＿＿＿＿＿＿＿＿＿＿＿＿　性別：□ 男　□ 女　　生日：　　　／　　　　　／

教育程度：＿＿＿＿＿＿＿＿＿＿＿＿

職業：□ 學生　　　　　□ 教師　　　　□ 內勤職員　　　□ 家庭主婦

　　　□ 企業主管　　　□ 服務業　　　□ 製造業　　　　□ 醫藥護理

　　　□ 軍警　　　　　□ 資訊業　　　□ 銷售業務　　　□ 其他＿＿＿＿＿＿＿＿

E-mail：（必填）＿＿＿＿＿＿＿＿＿＿＿＿　聯絡電話：（必填）＿＿＿＿＿＿＿

聯絡地址：（必填）□□□＿＿＿＿＿＿＿＿＿＿＿＿＿＿＿＿＿＿＿＿＿＿＿＿

購買書名：里山生活基本術

· 誘使您購買此書的原因？

□ 於 ＿＿＿＿＿＿ 書店尋找新知時　□ 看 ＿＿＿＿＿＿ 報時瞄到　□ 受海報或文案吸引

□ 翻閱 ＿＿＿＿＿＿ 雜誌時　□ 親朋好友拍胸脯保證　□ ＿＿＿＿＿＿ 電台 DJ 熱情推薦

□ 電子報的新書資訊看起來很有趣　□ 對晨星自然 FB 的分享有興趣　□ 瀏覽晨星網站時看到的

□ 其他編輯萬萬想不到的過程：＿＿＿＿＿＿＿＿＿＿＿＿＿＿＿＿＿＿＿＿＿＿

· 本書中最吸引您的是哪一篇文章或哪一段話呢？＿＿＿＿＿＿＿＿＿＿＿＿＿＿＿

· 您覺得本書在哪些規劃上需要再加強或是改進呢？

□ 封面設計＿＿＿＿＿　□ 尺寸規格＿＿＿＿＿　□ 版面編排＿＿＿＿＿

□ 字體大小＿＿＿＿＿　□ 內容＿＿＿＿＿＿＿　□ 文／譯筆＿＿＿＿＿　□ 其他＿＿＿＿＿

· 下列出版品中，哪個題材最能引起您的興趣呢？

台灣自然圖鑑：□植物 □哺乳類 □魚類 □鳥類 □蝴蝶 □昆蟲 □爬蟲類 □其他＿＿＿＿＿

飼養＆觀察：□植物 □哺乳類 □魚類 □鳥類 □蝴蝶 □昆蟲 □爬蟲類 □其他＿＿＿＿＿

台灣地圖：□自然 □昆蟲 □兩棲動物 □地形 □人文 □其他＿＿＿＿＿

自然公園：□自然文學 □環境關懷 □環境議題 □自然觀點 □人物傳記 □其他＿＿＿＿＿

生態館：□植物生態 □動物生態 □生態攝影 □地形景觀 □其他＿＿＿＿＿

台灣原住民文學：□史地 □傳記 □宗教祭典 □文化 □傳說 □音樂 □其他＿＿＿＿＿

自然生活家：□自然風 DIY 手作 □登山 □園藝 □觀星 □其他＿＿＿＿＿

· 除上述系列外，您還希望編輯們規畫哪些和自然人文題材有關的書籍呢？＿＿＿＿＿＿＿

· 您最常到哪個通路購買書籍呢？ □博客來 □誠品書店 □金石堂 □其他＿＿＿＿＿＿＿

很高興您選擇了晨星出版社，陪伴您一同享受閱讀及學習的樂趣。只要您將此回函郵寄回本社，

我們將不定期提供最新的出版及優惠訊息給您，謝謝！

若行有餘力，也請不吝賜教，好讓我們可以出版更多更好的書！

· 其他意見：＿＿＿＿＿＿＿＿＿＿＿＿＿＿＿＿＿＿＿＿＿＿＿＿＿＿＿＿＿＿＿＿

晨星出版有限公司　收

地址：407 台中市工業區三十路 1 號
贈書洽詢專線：04-23595820*112　傳真：04-23550581

晨星回函有禮，
加碼送好書！

填妥回函後加附 50 元回郵（工本費）寄回，
得獎好書《花的智慧》馬上送！原價：180 元
（若本書送完，將以其他書籍代替，恕不另行通知。此活動限台澎金馬地區）

f 晨星自然　🔍

天文、動物、植物、登山、園藝、生態攝影、自
然風 DIY……各種最新最夯的自然大小事，盡在
「晨星自然」臉書，快來加入吧！